看图算量系列丛书

园林工程清单算量典型实例图解

工程造价员网

张国栋　主编

中国建筑工业出版社

图书在版编目（CIP）数据

园林工程清单算量典型实例图解/张国栋主编. —北
京：中国建筑工业出版社，2014.3
（看图算量系列丛书）
ISBN 978-7-112-16474-5

Ⅰ.①园… Ⅱ.①张… Ⅲ.①园林—工程造价—图
解 Ⅳ.①TU986.3-64

中国版本图书馆CIP数据核字（2014）第034736号

　　本书根据《建设工程工程量清单计价规范》GB 50500—2013和《园林绿化工程工程量计算规范》GB 50858—2013的有关内容，详细地介绍了园林绿化工程的工程量清单项目、计算规则、计算方法及实例。全书以清单划分基准为原则精选实例，设置实例均是以"题干、图示—2013清单和2008清单对照—解题思路及技巧—清单工程量计算—贴心助手—清单工程量计算表的填写"六个步骤进行。为了帮助读者了解计算方法及要点，特设置"解题思路及技巧"及"贴心助手"小贴士，便于读者理解和掌握。

责任编辑：郦锁林　赵晓菲　朱晓瑜
责任设计：张　虹
责任校对：陈晶晶　刘梦然

看图算量系列丛书
园林工程清单算量典型实例图解
工程造价员网
张国栋　主编
＊
中国建筑工业出版社出版、发行（北京西郊百万庄）
各地新华书店、建筑书店经销
北京科地亚盟排版公司制版
北京富生印刷厂印刷
＊
开本：787×1092毫米 1/16　印张：11½　字数：230千字
2014年8月第一版　2014年8月第一次印刷
定价：**28.00**元
ISBN 978-7-112-16474-5
（25255）

编写人员名单

主　编　张国栋

参　编　郭芳芳　马　波　洪　岩　赵小云

　　　　左新红　张书娥　陶小芳　段伟绍

　　　　王春花　卫　冉　郭小段　杨进军

　　　　李　雪　黄　江　张孟晓　程浩岩

前　言

　　本书根据《园林绿化工程工程量计算规范》GB 50858—2013、《建设工程工程量清单计价规范》GB 50500—2013 和《建设工程工程量清单计价规范》GB 50500—2008 的相关内容，较详细地、系统地介绍了 2013 清单规范与 2008 清单规范的相同和不同之处，以及怎样结合图形进行工程量清单算量。全书在理论与方法上进行了通俗易懂的阐述，同时给出解题思路及技巧和贴心助手，心贴心地为读者服务。

　　本书主要包括绿化工程，园路、园桥工程，园林景观工程等 3 个部分。书中所列例题均是经过精挑细选，结合清单项目进行编排，做到了系统上的完善。

　　通过本书的学习，使读者在较短的时间内掌握工程量清单计价的基本理论与方法，达到较熟练地运用《园林绿化工程工程量计算规范》GB 50858—2013 和《建设工程工程量清单计价规范》GB 50500—2013 编制工程量清单和进行工程量清单算量的目的。

　　本书与同类书相比，具有以下几个显著特点：

　　（1）2013 清单与 2008 清单对照，采用表格上下对照形式，新旧规范的区别与联系一目了然，帮助读者快速掌握新清单的规定与计算规则。

　　（2）例题解答中增设"解题思路及技巧"，打开读者思路，引导读者快速进入角色。针对性和实用性强，注重整体的逻辑性和连贯性。

　　（3）"贴心助手"，对计算过程中的数字进行一一解释说明，解决读者对计算过程中数据来源不清楚的苦恼，方便快速学习和使用。

　　（4）计算过程清晰明了，图题两对照，便于理解。

　　（5）最后根据题干和计算结果填写清单工程量计算表，便于快速查阅清单项目以及计算的正确性。

　　本书在编写过程中得到了许多同行的支持与帮助，借此表示感谢。由于编者水平有限和时间的限制，书中难免有错误和不妥之处，望广大读者批评指正。如有疑问，请登录 www. ysypx. com（预算员培训网）或 www. gczjy. com（工程造价员培训网）或 www. gclqd. com（工程量清单计价数字图书网）或 www. jbjsys. com（基本建设预算网）或 www. jbjszj. com（基本建设造价网）或发邮件至 zz6219@163. com 或 dlwhgs@tom. com 与编者联系。

目　　录

第1章 绿 化 工 程

1.1 绿 地 整 理

【例1】 某公园绿化工程需整理绿化用地，现场绿化用地基本平整，经招标人测算，工程量为 4283.00m²，土质为二类土，弃渣土运距为 5km，计算该绿化工程清单工程量。

【解】 （1）2013 清单与 2008 清单对照（表 1-1）

2013 清单与 2008 清单对照表　　　　　　　　　　　　　表 1-1

清　　单	项目编码	项目名称	项目特征	计算单位	工程量计算规则	工作内容
2013 清单*	050101010	整理绿化用地	1. 回填土质要求 2. 取土运距 3. 回填厚度 4. 找平找坡要求 5. 弃渣运距	m²	按设计图示尺寸以面积计算	1. 排地表水 2. 土方挖、运 3. 耙细、过筛 4. 回填 5. 找平、找坡 6. 拍实 7. 废弃物运输
2008 清单	050101006	整理绿化用地	1. 土壤类别 2. 土质要求 3. 取土运距 4. 回填厚度 5. 弃渣运距	m²	按设计图示尺寸以面积计算	1. 排地表水 2. 土方挖、运 3. 耙细、过筛 4. 回填 5. 找平、找坡 6. 拍实

注：＊本书的"2013 清单"指的是中华人民共和国住房和城乡建设部与中华人民共和国国家质量监督检验检疫总局于 2012 年 12 月 25 日联合发布，于 2013 年 7 月 1 日实施的工程量清单计价系列规范，包括：《建设工程工程量清单计价规范》GB 50500—2013、《房屋建筑与装饰工程工程量计算规范》GB 50854—2013、《仿古建筑工程工程量计算规范》GB 50855—2013、《通用安装工程工程量计算规范》GB 50856—2013、《市政工程工程量计算规范》GB 50857—2013、《园林绿化工程工程量计算规范》GB 50858—2013、《矿山工程工程量计算规范》GB 50859—2013、《构筑物工程工程量计算规范》GB 50860—2013、《城市轨道交通工程工程量规范》GB 50861—2013、《爆破工程工程量计算规范》GB 50862—2013 的简称，后面出现的不再赘述。

✸解题思路及技巧

先要看图纸外形构造，以便结合图形采用数学原理进行快捷计算。另外，也可以结合计算规则和以往经验快速计算。

（2）清单工程量

项目名称：整理绿化用地；

1）现场绿化用地基本平整；

2）土质为二类土；

3）弃渣土运距为 5km。

计量单位：m²；

工程数量：依据工程量计算规则，该清单项目数量为 4283.00m²。

（3）清单工程量计算表（表 1-2）

清单工程量计算表　　　　表 1-2

项目编码	项目名称	项目特征描述	计量单位	工程量
050101010001	整理绿化用地	1. 现场绿化用地基本平整 2. 土质为二类土 3. 弃渣土运 5km	m²	4283.00

【例2】 某街头小区绿化带如图 1-1 所示，种植紫叶小檗绿化带，宽 1.2m（二类土，色带养护 2 年），试求其工程量。

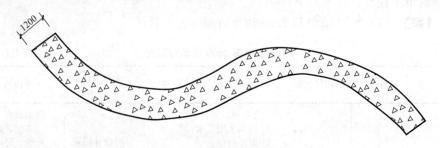

图 1-1　紫叶小檗绿化带

注：单弧长 5340mm

【解】 （1）2013 清单与 2008 清单对照（表 1-3）

2013 清单与 2008 清单对照表　　　　表 1-3

序号	清单	项目编码	项目名称	项目特征	计算单位	工程量计算规则	工作内容
1	2013 清单	050101010	整理绿化用地	1. 回填土质要求 2. 取土运距 3. 回填厚度 4. 找平找坡要求 5. 弃渣运距	m²	按设计图示尺寸以面积计算	1. 排地表水 2. 土方挖、运 3. 耙细、过筛 4. 回填 5. 找平、找坡 6. 拍实 7. 废弃物运输
	2008 清单	050101006	整理绿化用地	1. 土壤类别 2. 土质要求 3. 取土运距 4. 回填厚度 5. 弃渣运距	m²	按设计图示尺寸以面积计算	1. 排地表水 2. 土方挖、运 3. 耙细、过筛 4. 回填 5. 找平、找坡 6. 拍实
2	2013 清单	050102007	栽植色带	1. 苗木、花卉种类 2. 株高或蓬径 3. 单位面积株数 4. 养护期	m²	按设计图示尺寸以绿化水平投影面积计算	1. 起挖 2. 运输 3. 栽植 4. 养护

续表

序号	清 单	项目编码	项目名称	项目特征	计算单位	工程量计算规则	工作内容
2	2008 清单	050102007	栽植色带	1. 苗木种类 2. 苗木株高、株距 3. 养护期	m²	按设计图示尺寸以面积计算	1. 起挖 2. 运输 3. 栽植 4. 支撑 5. 草绳绕树干 6. 养护

✖解题思路及技巧

先要了解它的计算规则，再次结合图纸外形构造，采用数学原理进行快捷计算。

（2）清单工程量

1）平整场地：

$$S = 弧长 \times 宽 = 5.34 \times 1.2 = 6.41 m^2$$

 贴心助手

在计算平整场地时按设计图示尺寸以面积计算。

2）栽植色带：由图 1-1 可知，该街头小区栽植的是紫叶小檗的绿化带，弧长 5.34m，宽 1.2m。

$$S = 5.34 \times 1.2 = 6.41 m^2$$

 贴心助手

在计算栽植色带的工程量时按设计图示尺寸以面积计算。

（3）清单工程量计算表（表 1-4）

清单工程量计算表 表 1-4

序 号	项目编码	项目名称	项目特征描述	计量单位	工程量
1	050101010001	整理绿化用地	二类土	m²	6.41
2	050102007001	栽植色带	养护 2 年	m²	6.41

【例3】 某地为了扩建需要，需将图 1-2 所示绿地上的植物进行挖掘、清除，试求其工程量。

【解】（1）2013 清单与 2008 清单对照（表 1-5）

（2）清单工程量

1）伐树、挖树根（树干胸径均在 30cm 以内）

银杏：5 株；五角枫：3 株；

白蜡：4 株；白玉兰：3 株；

木槿：4 株。

以上均按数量计算。

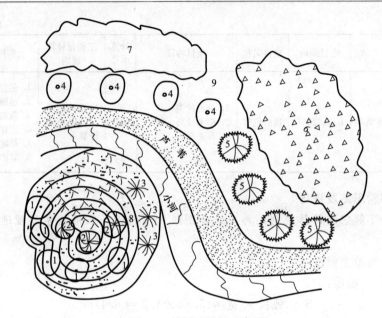

图 1-2　某绿地局部示意图

1—银杏；2—五角枫；3—白玉兰；4—白蜡；5—木槿；6—紫叶小檗；

7—大叶黄杨；8—白三叶草及缀花小草；9—竹林

2013 清单与 2008 清单对照表　　　　　　　　　表 1-5

序号	清单	项目编码	项目名称	项目特征	计算单位	工程量计算规则	工作内容
1	2013 清单	050101001	砍伐乔木	树干胸径	株	按数量计算	1. 砍伐 2. 废弃物运输 3. 场地清理
	2008 清单	050101001	砍伐乔木、挖树根	树干胸径	株	按数量计算	1. 伐树、挖树根 2. 废弃物运输 3. 场地清理
2	2013 清单	050101003	砍挖灌木丛及根	丛高或蓬径	1. 株 2. m²	1. 以株计量，按数量计算 2. 以平方米计量，按面积计算	1. 砍挖 2. 废弃物运输 3. 场地清理
	2008 清单	050101002	砍挖灌木丛	丛高	株（株丛）	按数量计算	1. 灌木砍挖 2. 废弃物运输 3. 场地清理
3	2013 清单	050101002	挖树根（蔸）	地径	株	按数量计算	1. 挖树根 2. 废弃物运输 3. 场地清理
	2008 清单	050101003	挖竹根	根盘直径	株（株丛）	按数量计算	1. 砍挖竹根 2. 废弃物运输 3. 场地清理
4	2013 清单	050101005	砍挖芦苇（或其他水生植物）及根	根盘丛径	m²	按面积计算	1. 砍挖 2. 废弃物运输 3. 场地清理
	2008 清单	050101004	挖芦苇根	丛高	m²	按面积计算	1. 苇根砍挖 2. 废弃物运输 3. 场地清理

续表

序号	清单	项目编码	项目名称	项目特征	计算单位	工程量计算规则	工作内容
5	2013清单	050101006	清除草皮	草皮种类	m²	按面积计算	1. 除草 2. 废弃物运输 3. 场地清理
	2008清单	050101005	清除草皮	丛高	m²	按面积计算	1. 除草 2. 废弃物运输 3. 场地清理

2）砍挖灌木丛

紫叶小檗：480 株丛（按数量计算）（丛高 1.6m）；

大叶黄杨：360 株丛（按数量计算）（丛高 2.5m）。

3）挖竹根

竹林：160 株丛（按数量计算）（根直径 10cm）。

4）挖芦苇根

芦苇根：8m²（按面积计算）（丛高 1.8m）。

5）消除草皮

白三叶草及缀花小草：110m²（按面积计算）（丛高 0.6m）。

（3）清单工程量计算表（表1-6）

清单工程量计算表 表1-6

序号	项目编码	项目名称	项目特征描述	计量单位	工程量
1	050101001001	伐树	树干胸径均在 30cm 以内	株	19
2	050101003001	砍挖灌木丛及根	丛高 1.6m	株丛	480
3	050101003002	砍挖灌木丛及根	丛高 2.5m	株丛	360
4	050101002001	挖树根（蔸）	根盘直径 10cm	株丛	160
5	050101005001	砍挖芦苇及根	丛高 1.8m	m²	8.00
6	050101006001	清除草皮	丛高 0.6m	m²	110.00

1.2 栽植花木

【例4】 如图 1-3 所示为某局部绿化示意图，整体为草地及踏步，踏步厚度 120mm，其他尺寸见图中标注，试求铺植的草坪工程量。

【解】（1）2013清单与2008清单对照（表1-7）

✲解题思路及技巧

铺种草皮主要是以清单工程量计算规则为前提，按设计图示尺寸以绿化投影面积计算，其次根据实际的图形进行计算，采用数学公式进行计算。

（2）清单工程量

$$S = (2.5 \times 2 + 45)^2 - \frac{3.14 \times 2.5^2}{4} \times 4 - 0.8 \times 0.7 \times 6$$

$$= 2500 - 19.625 - 3.36$$

$$= 2477.02 \text{m}^2$$

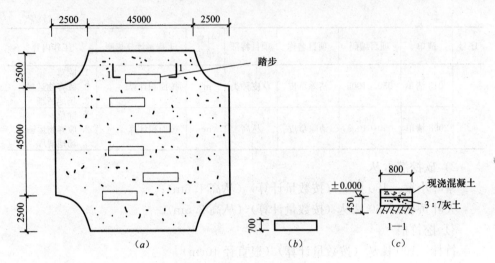

图 1-3　某局部绿化示意图

(a) 平面图；(b) 踏步平面图；(c) 1-1 剖面图

2013 清单与 2008 清单对照表　　　　　　表 1-7

清　单	项目编码	项目名称	项目特征	计算单位	工程量计算规则	工作内容
2013 清单	050102012	铺种草皮	1. 草皮种类 2. 铺种方式 3. 养护期	m²	按设计图示尺寸以绿化投影面积计算	1. 起挖 2. 运输 3. 铺底砂（土） 4. 栽植 5. 养护
2008 清单	050102010	铺种草皮	1. 草皮种类 2. 铺种方式 3. 养护期	m²	按设计图示尺寸以面积计算	1. 起挖 2. 运输 3. 栽植 4. 支撑 5. 草绳绕树干 6. 养护

贴心助手

大正方形的面积（边长为 (2.5×2＋45)m）减去四周 4 个 1/4 圆形的面积（圆形半径为 2.5m），再减去中部 6 个踏步的面积（踏步长 0.8m，宽 0.7m），即为所求的草坪的工程量。

(3) 清单工程量计算表（表 1-8）

清单工程量计算表　　　　　　表 1-8

项目编码	项目名称	项目特征描述	计量单位	工程量
050102012001	铺种草皮	铺种草坪	m²	2477.02

【例5】　如图 1-4 所示为某局部绿化示意图，共有 4 个人口，有 4 个一样大小的模纹花坛，试求铺种草皮工程量、模纹种植工程量（养护 3 年）。

【解】　(1) 2013 清单与 2008 清单对照（表 1-9）

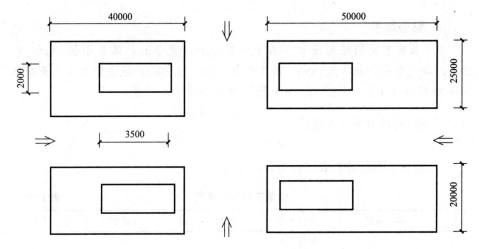

图1-4 某局部绿化示意图

2013 清单与 2008 清单对照表 表1-9

序号	清单	项目编码	项目名称	项目特征	计算单位	工程量计算规则	工作内容
1	2013 清单	050102012	铺种草皮	1. 草皮种类 2. 铺种方式 3. 养护期	m^2	按设计图示尺寸以绿化投影面积计算	1. 起挖 2. 运输 3. 铺底砂（土） 4. 栽植 5. 养护
	2008 清单	050102010	铺种草皮	1. 草皮种类 2. 铺种方式 3. 养护期	m^2	按设计图示尺寸以面积计算	1. 起挖 2. 运输 3. 栽植 4. 支撑 5. 草绳绕树干 6. 养护
2	2013 清单	050102013	喷播植草（灌木）籽	1. 基层材料种类规格 2. 草（灌木）籽种类 3. 养护期	m^2	按设计图示尺寸以绿化投影面积计算	1. 基层处理 2. 坡地细整 3. 喷播 4. 覆盖 5. 养护
	2008 清单	050102011	喷播植草	1. 草籽种类 2. 养护期	m^2	按设计图示尺寸以面积计算	1. 坡地细整 2. 阴坡 3. 草籽喷播 4. 覆盖 5. 养护

✿解题思路及技巧

铺种草皮主要是以清单工程量计算规则为前提，按设计图示尺寸以绿化投影面积计算，其次根据实际的图形进行计算，采用数学公式进行计算。

（2）清单工程量

1）铺种草皮清单工程量：

$$S = 40 \times 25 + 50 \times 25 + 50 \times 20 + 40 \times 20 - 3.5 \times 2 \times 4$$
$$= 1000 + 1250 + 1000 + 800 - 28$$
$$= 4022.00 m^2$$

贴心助手

4 个长宽不同的矩形面积（第 1 个长 40m，宽 25m；第 2 个长 50m，宽 25m；第 3 个长 50m，宽 20m；第 4 个长 40m，宽 20m）减去中间 4 个长宽相同的矩形面积（长 3.5m，宽 2m）即为模纹种植的工程量。

2）模纹种植清单工程量：

$$S = 2 \times 3.5 \times 4 = 28.00 \text{m}^2$$

（3）清单工程量计算表（表 1-10）

清单工程量计算表　　　　　　　　　　　　表 1-10

序号	项目编码	项目名称	项目特征描述	计量单位	工程量
1	050102012001	铺种草皮	养护 3 年	m²	4022.00
2	050102013001	喷播植草	养护 3 年	m²	28.00

【例 6】 如图 1-3 所示，试求踏步现浇混凝土工程量（踏步厚 120mm）。

【解】 （1）2013 清单与 2008 清单对照（表 1-11）

2013 清单与 2008 清单对照表　　　　　　　表 1-11

清单	项目编码	项目名称	项目特征	计算单位	工程量计算规则	工作内容
2013 清单	010507004	台阶	1. 踏步高、宽 2. 混凝土种类 3. 混凝土强度等级	1. m² 2. m³	1. 以平方米计量，按设计图示尺寸水平投影面积计算 2. 以立方米计量，按设计图示尺寸以体积计量	1. 模板及支撑制作、安装、拆除、堆放、运输及清理模内杂物、刷隔离剂等 2. 混凝土制作、运输、浇筑、振捣、养护
2008 清单	2008 清单中无此项内容，2013 清单中此项为新增加内容					

（2）清单工程量

$$V = Sh = 0.8 \times 0.7 \times 0.12 \times 6 = 0.40 \text{m}^3$$

 贴心助手

踏步长 0.8m，宽 0.7m，厚 0.12m，共 6 个踏步，则踏步体积可得。

（3）清单工程量计算表（表 1-12）

清单工程量计算表　　　　　　　　　　　　表 1-12

项目编码	项目名称	项目特征描述	计量单位	工程量
010507004001	台阶	现浇混凝土踏步	m³	0.40

【例 7】 如图 1-3 所示，试求踏步 3：7 灰土垫层工程量（灰土厚度为 300mm）。

【解】 （1）2013 清单与 2008 清单对照（表 1-13）

2013 清单与 2008 清单对照表　　　　表 1-13

清单	项目编码	项目名称	项目特征	计算单位	工程量计算规则	工作内容
2013 清单	010404001	垫层	垫层材料种类、配合比、厚度	m³	按设计图示尺寸以立方米计算	1. 垫层材料的拌制 2. 垫层铺设 3. 材料运输
2008 清单	2008 清单中无此项内容，2013 清单中此项为新增加内容					

（2）清单工程量

$$0.8 \times 0.7 \times 0.3 \times 6 = 1.01 \text{m}^3$$

 贴心助手

踏步长 0.8m，宽 0.7m，灰土垫层厚 0.3m，共 6 个踏步，则踏步灰土垫层体积可得。

（3）清单工程量计算表（表 1-14）

清单工程量计算表　　　　表 1-14

项目编码	项目名称	项目特征描述	计量单位	工程量
010404001001	垫层	3：7 灰土垫层	m³	1.01

【例 8】 某城市小广场要栽植国槐 10 株，胸径 7～8cm；青扦云杉 20 株，株高 3.5m，土球直径约为 70cm。丁香 10 株，冠丛高 1.0m，紫叶小檗色带 20m²，色带宽 1.0m，密度 16 株/m²，高度 30cm，上述树木为春季种植，养护期为 1年，原地土质不适于种植，需换土，试计算该项目的清单工程量。

【解】（1）2013 清单与 2008 清单对照（表 1-15）

2013 清单与 2008 清单对照表　　　　表 1-15

序号	清单	项目编码	项目名称	项目特征	计算单位	工程量计算规则	工作内容
1	2013 清单	050102001	栽植乔木	1. 种类 2. 胸径或干径 3. 株高、冠径 4. 起挖方式 5. 养护期	株	按设计图示数量计算	1. 起挖 2. 运输 3. 栽植 4. 养护
	2008 清单	050102001	栽植乔木	1. 乔木种类 2. 乔木胸径 3. 养护期	株（株丛）	按设计图示数量计算	1. 起挖 2. 运输 3. 栽植 4. 支撑 5. 草绳绕树干 6. 养护

续表

序号	清单	项目编码	项目名称	项目特征	计算单位	工程量计算规则	工作内容
2	2013 清单	050102002	栽植灌木	1. 种类 2. 根盘直径 3. 冠丛高 4. 蓬径 5. 起挖方式 6. 养护期	1. 株 2. m²	1. 以株计量，按设计图示数量计算 2. 以平方米计量，按设计图示尺寸以绿化水平投影面积计算	1. 起挖 2. 运输 3. 栽植 4. 养护
	2008 清单	050102004	栽植灌木	1. 灌木种类 2. 冠丛高 3. 养护期	株	按设计图示数量计算	1. 起挖 2. 运输 3. 栽植 4. 支撑 5. 草绳绕树干 6. 养护
3	2013 清单	050102007	栽植色带	1. 苗木、花卉种类 2. 株高或蓬径 3. 单位面积株数 4. 养护期	m²	按设计图示尺寸以绿化水平投影面积计算	1. 起挖 2. 运输 3. 栽植 4. 养护
	2008 清单	050102007	栽植色带	1. 苗木种类 2. 苗木株高、株距 3. 养护期	m²	按设计图示尺寸以面积计算	1. 起挖 2. 运输 3. 栽植 4. 支撑 5. 草绳绕树干 6. 养护

（2）清单工程量

1）清单项目设置为（表1-16）：

050102001001 栽植乔木，国槐树胸径7～8cm，养护期1年，种植需换土；

050102001002 栽植乔木，青扦云杉株高3.5m，养护期1年，种植需换土；

050102002001 栽植灌木，丁香冠丛高1.0m，养护期1年，种植需换土；

050102007001 栽植色带，紫叶小檗高度30cm，养护期1年，种植需换土。

2）以上项目工程内容均包含：起挖、运输、栽植、养护。

（3）清单工程量计算表（表1-16）

清单工程量计算表 表1-16

序 号	项目编码	项目名称	项目特征描述	计量单位	工程量
1	050102001001	栽植乔木	1. 国槐，胸径7～8cm 2. 养护期1年	株	10
2	050102001002	栽植乔木	1. 青扦云杉，株高3.5m 2. 土球直径约为70cm 3. 养护期1年	株	20
3	050102002001	栽植灌木	1. 丁香，冠丛高1.0m 2. 养护期1年	株	10

续表

序号	项目编码	项目名称	项目特征描述	计量单位	工程量
4	050102007001	栽植色带	1. 紫色小檗株高 30cm 2. 密度 16 株/m² 3. 养护期 1 年	m²	20.00

【例9】 某公园绿化改造工程中需种植广玉兰（胸径 7.1～8cm，高 3.6～3.8m，球径 60cm，定杆高 2.0～2.5m）11 株，据招标文件要求，苗木需采用本地苗木，养护期为 1 年。计算该绿化改造工程清单工程量。

【解】 （1）2013 清单与 2008 清单对照（表 1-17）

2013 清单与 2008 清单对照表　　　表 1-17

清单	项目编码	项目名称	项目特征	计算单位	工程量计算规则	工作内容
2013 清单	050102001	栽植乔木	1. 种类 2. 胸径或干径 3. 株高、冠径 4. 起挖方式 5. 养护期	株	按设计图示数量计算	1. 起挖 2. 运输 3. 栽植 4. 养护
2008 清单	050102001	栽植乔木	1. 乔木种类 2. 乔木胸径 3. 养护期	株（株丛）	按设计图示数量计算	1. 起挖 2. 运输 3. 栽植 4. 支撑 5. 草绳绕树干 6. 养护

（2）清单工程量

项目编码：050102001001；

项目名称：栽植乔木。

1）乔木品种为广玉兰；

2）胸径 7.1～8cm；

3）高 3.6～3.8m；

4）球径 60cm；

5）定杆高 2.0～2.5m；

6）养护期为 1 年。

计算单位：株；

工程数量：依据工程量计算规则"按设计图示以数量计算"，该清单项目数量为 11 株。

（3）清单工程量计算表（表 1-18）

清单工程量计算表　　　表 1-18

项目编码	项目名称	项目特征描述	计量单位	工程量
050102001001	栽植乔木	1. 乔木品种为广玉兰 2. 胸径 7.1～8cm 3. 高 3.6～3.8m 4. 球径 60cm 5. 定杆高 2.0～2.5m 6. 养护期为 1 年	株	11

【例 10】 某小游园（图 1-5）。

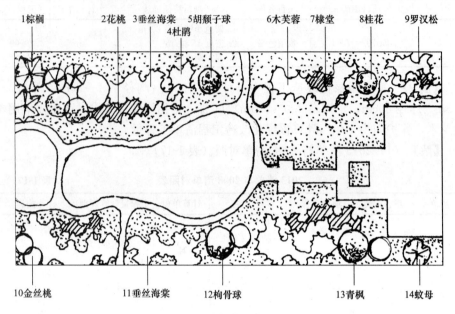

1棕榈　　　2花桃　3垂丝海棠　5胡颓子球　　6木芙蓉　7棣堂　8桂花　9罗汉松
4杜鹃

10金丝桃　　　11垂丝海棠　12枸骨球　　　13青枫　　14蚊母

图 1-5　小游园平面图

注：棕榈 7 株；花桃 8 株；垂丝海棠 5 株；杜鹃 11 株；胡颓子球 4 株；木芙蓉 9 株；棣堂 9 株；桂花 2 株；罗汉松 7 株；金丝桃 12 株；枸骨球 2 株；青枫 3 株；蚊母 3 株。

【解】 （1）2013 清单与 2008 清单对照（表 1-19）

2013 清单与 2008 清单对照表　　　　　　　表 1-19

序号	清单	项目编码	项目名称	项目特征	计算单位	工程量计算规则	工作内容
1	2013 清单	050102004	栽植棕榈类	1. 种类 2. 株高、地径 3. 养护期	株	按设计图示数量计算	1. 起挖 2. 运输 3. 栽植 4. 养护
	2008 清单	050102003	栽植棕榈类	1. 棕榈种类 2. 株高 3. 养护期	株	按设计图示数量计算	1. 起挖 2. 运输 3. 栽植 4. 支撑 5. 草绳绕树干 6. 养护
2	2013 清单	050102001	栽植乔木	1. 种类 2. 胸径或干径 3. 株高、冠径 4. 起挖方式 5. 养护期	株	按设计图示数量计算	1. 起挖 2. 运输 3. 栽植 4. 养护
	2008 清单	050102001	栽植乔木	1. 乔木种类 2. 乔木胸径 3. 养护期	株（株丛）	按设计图示数量计算	1. 起挖 2. 运输 3. 栽植 4. 支撑 5. 草绳绕树干 6. 养护

续表

序号	清单	项目编码	项目名称	项目特征	计算单位	工程量计算规则	工作内容
3	2013 清单	050102002	栽植灌木	1. 种类 2. 根盘直径 3. 冠丛高 4. 蓬径 5. 起挖方式 6. 养护期	1. 株 2. m²	1. 以株计量，按设计图示数量计算 2. 以平方米计量，按设计图示尺寸以绿化水平投影面积计算	1. 起挖 2. 运输 3. 栽植 4. 养护
	2008 清单	050102004	栽植灌木	1. 灌木种类 2. 冠丛高 3. 养护期	株	按设计图示数量计算	1. 起挖 2. 运输 3. 栽植 4. 支撑 5. 草绳绕树干 6. 养护
4	2013 清单	050102008	栽植花卉	1. 花卉种类 2. 株高或蓬径 3. 单位面积株数 4. 养护期	1. 株（丛、缸） 2. m²	1. 以株（丛、缸）计量，按设计图示数量计算 2. 以平方米计量，按设计图示尺寸以水平投影面积计算	1. 起挖 2. 运输 3. 栽植 4. 养护
	2008 清单	050102008	栽植花卉	1. 花卉种类、株距 2. 养护期	株/m²	按设计图示数量或面积计算	1. 起挖 2. 运输 3. 栽植 4. 支撑 5. 草绳绕树干 6. 养护

✽解题思路及技巧

做此类题目需要看清图示，知道每种符号所代表的意义，就能很快地写出其工程量。

（2）清单工程量计算表（表 1-20）

清单工程量计算表　　　　　　　　　表 1-20

序号	项目编码	项目名称	项目特征描述	计量单位	工程量
1	050102004001	栽植棕榈类	$H=121\sim150$	株	7
2	050102001001	栽植乔木	花桃，$P=91\sim120$	株	8
3	050102001002	栽植乔木	垂丝海棠，$P=141\sim160$	株	5
4	050102008001	栽植花卉	杜鹃，$P=51\sim70$	株	11
5	050102002001	栽植灌木	胡颓子球，$P=121\sim140$	株	4
6	050102002002	栽植灌木	木芙蓉，5 年生	株	9
7	050102002003	栽植灌木	棣棠，$P=91\sim120$	株	9
8	050102001003	栽植乔木	桂花，$H=181\sim210$	株	2
9	050102001004	栽植乔木	罗汉松，$H=151\sim180$	株	7
10	050102002004	栽植灌木	金丝桃，$P=51\sim70$	株	12
11	050102002005	栽植灌木	枸骨球，$P=121\sim140$	株	2
12	050102001005	栽植乔木	青枫，$H=201\sim220$	株	3
13	050102001006	栽植乔木	蚊母，$H=181\sim210$	株	3

【例 11】 某家属区绿化工程（图 1-6）。

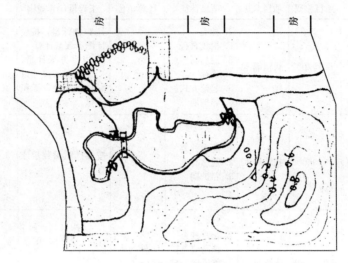

图 1-6　总平面图

注：绿化用地 4385m²；合欢 36 株；玉兰 12 株；馒头柳 15 株；紫叶李 19 株；桧柏 37 株；油松 15 株；早园竹 300 株；紫薇 16 株；平枝荀子 27 株；樱花 19 株；棣堂 11 株；迎春 63 株；红碧桃 19 株；铺地柏 24 株；红叶小檗球 38 株；金叶女贞 50m²；金山绣菊 30m²；冷处型草 3950m²

【解】 （1）2013 清单与 2008 清单对照（表 1-21）

2013 清单与 2008 清单对照表　　　　　　　　　　表 1-21

序号	清单	项目编码	项目名称	项目特征	计算单位	工程量计算规则	工作内容
1	2013 清单	050101010	整理绿化用地	1. 回填土质要求 2. 取土运距 3. 回填厚度 4. 找平找坡要求 5. 弃渣运距	m²	按设计图示尺寸以面积计算	1. 排地表水 2. 土方挖、运 3. 耙细、过筛 4. 回填 5. 找平、找坡 6. 拍实 7. 废弃物运输
	2008 清单	050101006	整理绿化用地	1. 土壤类别 2. 土质要求 3. 取土运距 4. 回填厚度 5. 弃渣运距	m²	按设计图示尺寸以面积计算	1. 排地表水 2. 土方挖、运 3. 耙细、过筛 4. 回填 5. 找平、找坡 6. 拍实
2	2013 清单	050102001	栽植乔木	1. 种类 2. 胸径或干径 3. 株高、冠径 4. 起挖方式 5. 养护期	株	按设计图示数量计算	1. 起挖 2. 运输 3. 栽植 4. 养护
	2008 清单	050102001	栽植乔木	1. 乔木种类 2. 乔木胸径 3. 养护期	株（株丛）	按设计图示数量计算	1. 起挖 2. 运输 3. 栽植 4. 支撑 5. 草绳绕树干 6. 养护

序号	清单	项目编码	项目名称	项目特征	计算单位	工程量计算规则	工作内容
3	2013清单	050102002	栽植灌木	1. 种类 2. 根盘直径 3. 冠丛高 4. 蓬径 5. 起挖方式 6. 养护期	1. 株 2. m²	1. 以株计量,按设计图示数量计算 2. 以平方米计量,按设计图示尺寸以绿化水平投影面积计算	1. 起挖 2. 运输 3. 栽植 4. 养护
	2008清单	050102004	栽植灌木	1. 灌木种类 2. 冠丛高 3. 养护期	株	按设计图示数量计算	1. 起挖 2. 运输 3. 栽植 4. 支撑 5. 草绳绕树干 6. 养护
4	2013清单	050102003	栽植竹类	1. 竹种类 2. 竹胸径或根盘丛径 3. 养护期	株(丛)	按设计图示数量计算	1. 起挖 2. 运输 3. 栽植 4. 养护
	2008清单	050102002	栽植竹类	1. 竹种类 2. 竹胸径 3. 养护期	株(株丛)	按设计图示数量计算	1. 起挖 2. 运输 3. 栽植 4. 支撑 5. 草绳绕树干 6. 养护
5	2013清单	050102007	栽植色带	1. 苗木、花卉种类 2. 株高或蓬径 3. 单位面积株数 4. 养护期	m²	按设计图示尺寸以绿化水平投影面积计算	1. 起挖 2. 运输 3. 栽植 4. 养护
	2008清单	050102007	栽植色带	1. 苗木种类 2. 苗木株高、株距 3. 养护期	m²	按设计图示尺寸以面积计算	1. 起挖 2. 运输 3. 栽植 4. 支撑 5. 草绳绕树干 6. 养护
6	2013清单	050102010	垂直墙体绿化种植	1. 植物种类 2. 生长年数或地(干)径 3. 栽植容器材质、规格 4. 栽植基质种类、厚度 5. 养护期	1. m² 2. m	1. 以平方米计量,按设计图示尺寸以绿化水平投影面积计算 2. 以米计量,按设计图示种植长度以延长米计算	1. 起挖 2. 运输 3. 栽植容器安装 4. 栽植 5. 养护
	2008清单	2008清单中无此项内容,2013清单中此项为新增加内容					

❀**解题思路及技巧**

做此类题目需要看清图示,知道每种符号所代表的意义,就能很快地写出其工程量。

(2)清单工程量计算表(表1-22)

清单工程量计算表 表 1-22

序号	项目编号	项目名称	项目特征描述	计量单位	工程量
1	050101010001	整理绿化用地	现场绿化用地基本平整；二类土，弃渣土运距 5km	m²	4385.00
2	050102001001	栽植合欢	胸径 8～10cm，养护 1 年	株	36
3	050102001002	栽植玉兰	胸径 6～7cm，养护 1 年	株	12
4	050102001003	栽植馒头柳	胸径 8～10cm，养护 1 年	株	15
5	050102001004	栽植紫叶李	胸径 4～5cm，养护 1 年	株	19
6	050102001005	栽植桧柏	高度 2～2.5m，养护 1 年	株	37
7	050102001006	栽植油松	高度 3～3.5m，养护 1 年	株	15
8	050102003001	栽植早园竹	胸径 3～4cm，高度 2～2.5m 3 根/株丛，养护 1 年	株丛	300
9	050102002001	栽植紫薇	高度 1.2～1.5m，养护 1 年	株	16
10	050102002002	栽植平枝荀子	高度 0.8～1.0m，养护 1 年	株	27
11	050102002003	栽植樱花	高度 1.5～1.8m，养护 1 年	株	19
12	050102002004	栽植棣棠	高度 1.0～1.2m，养护 1 年	株	11
13	050102002005	栽植迎春	高度 0.5～0.8m，养护 1 年	株	63
14	050102002006	栽植红碧桃	高度 1.5～1.8m，养护 1 年	株	19
15	050102002007	栽植铺地柏	高度 0.5～0.8m，养护 1 年	株	24
16	050102002008	栽植红叶小檗球	高度 0.8～1.0m，养护 1 年	株	38
17	050102007001	栽植金叶女贞	高度 0.6～0.8m，12 株/m²，养护 1 年	m²	50.00
18	050102007002	栽植金山绣菊	3 年生，12 株/m²，养护 1 年	m²	30.00
19	050102010001	栽植冷处型草	铺草卷，养护 1 年	m²	3950.00

【例 12】 某庭院绿化种植如图 1-7 所示，求其工程量。

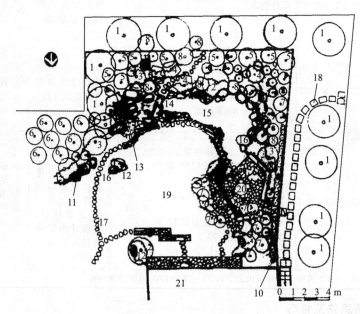

图 1-7 某庭院绿化图

1—港口木荷；2—缅栀；3—人参果；4—层形罗汉松；5—洋玉兰；6—厚叶石斑禾；7—青刚栎；8—杜鹃；9—野牡丹；10—台湾冬青（绿篱）；11—缩竹；12—红点鲫鱼草；13—九重塔；14—石桥；15—枯流；16—风景石；17—飞石；18—铺片石；19—草坪；20—庭院桌椅；21—住宅

【解】 （1）2013清单与2008清单对照（表1-23）

2013清单与2008清单对照表 表1-23

序号	清单	项目编码	项目名称	项目特征	计算单位	工程量计算规则	工作内容
1	2013清单	050102008	栽植花卉	1. 花卉种类 2. 株高或蓬径 3. 单位面积株数 4. 养护期	1. 株（丛、缸） 2. m²	1. 以株（丛、缸）计量，按设计图示数量计算 2. 以平方米计量，按设计图示尺寸以水平投影面积计算	1. 起挖 2. 运输 3. 栽植 4. 养护
	2008清单	050102008	栽植花卉	1. 花卉种类、株距 2. 养护期	株/m²	按设计图示数量或面积计算	1. 起挖 2. 运输 3. 栽植 4. 支撑 5. 草绳绕树干 6. 养护
2	2013清单	050102001	栽植乔木	1. 种类 2. 胸径或干径 3. 株高、冠径 4. 起挖方式 5. 养护期	株	按设计图示数量计算	1. 起挖 2. 运输 3. 栽植 4. 养护
	2008清单	050102001	栽植乔木	1. 乔木种类 2. 乔木胸径 3. 养护期	株（株丛）	按设计图示数量计算	1. 起挖 2. 运输 3. 栽植 4. 支撑 5. 草绳绕树干 6. 养护
3	2013清单	050102002	栽植灌木	1. 种类 2. 根盘直径 3. 冠丛高 4. 蓬径 5. 起挖方式 6. 养护期	1. 株 2. m²	1. 以株计量，按设计图示数量计算 2. 以平方米计量，按设计图示尺寸以绿化水平投影面积计算	1. 起挖 2. 运输 3. 栽植 4. 养护
	2008清单	050102004	栽植灌木	1. 灌木种类 2. 冠丛高 3. 养护期	株	按设计图示数量计算	1. 起挖 2. 运输 3. 栽植 4. 支撑 5. 草绳绕树干 6. 养护
4	2013清单	050102003	栽植竹类	1. 竹种类 2. 竹胸径或根盘丛径 3. 养护期	株（丛）	按设计图示数量计算	1. 起挖 2. 运输 3. 栽植 4. 养护

续表

序号	清单	项目编码	项目名称	项目特征	计算单位	工程量计算规则	工作内容
4	2008 清单	050102002	栽植竹类	1. 竹种类 2. 竹胸径 3. 养护期	株（株丛）	按设计图示数量计算	1. 起挖 2. 运输 3. 栽植 4. 支撑 5. 草绳绕树干 6. 养护
5	2013 清单	050102007	栽植色带	1. 苗木、花卉种类 2. 株高或蓬径 3. 单位面积株数 4. 养护期	m²	按设计图示尺寸以绿化水平投影面积计算	1. 起挖 2. 运输 3. 栽植 4. 养护
	2008 清单	050102007	栽植色带	1. 苗木种类 2. 苗木株高、株距 3. 养护期	m²	按设计图示尺寸以面积计算	1. 起挖 2. 运输 3. 栽植 4. 支撑 5. 草绳绕树干 6. 养护
6	2013 清单	050102005	栽植绿篱	1. 种类 2. 篱高 3. 行数、蓬径 4. 单位面积株数 5. 养护期	1. m 2. m²	1. 以米计量，按设计图示长度以延长米计算 2. 以平方米计量，按设计图示尺寸以绿化水平投影面积计算	1. 起挖 2. 运输 3. 栽植 4. 养护
	2008 清单	050102005	栽植绿篱	1. 绿篱种类 2. 篱高 3. 行数、株距 4. 养护期	m/m²	按设计图示以长度或面积计算	1. 起挖 2. 运输 3. 栽植 4. 支撑 5. 草绳绕树干 6. 养护
7	2013 清单	050102013	喷播植草（灌木）籽	1. 基层材料种类规格 2. 草（灌木）籽种类 3. 养护期	m²	按设计图示尺寸以绿化投影面积计算	1. 基层处理 2. 坡地细整 3. 喷播 4. 覆盖 5. 养护
	2008 清单	050102011	喷播植草	1. 草籽种类 2. 养护期	m²	按设计图示尺寸以面积计算	1. 坡地细整 2. 阴坡 3. 草籽喷播 4. 覆盖 5. 养护

（2）清单工程量计算表（表 1-24）

清单工程量计算表　　　　　　　　　　表 1-24

序号	项目编号	项目名称	项目特征描述	计量单位	工程量
1	050102001001	栽植乔木	港口木荷	株	11
2	050102001002	栽植乔木	缅栀，株高 2～6m	株	3
3	050102001003	栽植乔木	人参果	株	4
4	050102002001	栽植灌木	层形罗汉松	株	4
5	050102001004	栽植乔木	洋玉兰，胸径 10cm 以内	株	10
6	050102002002	栽植灌木	厚叶石斑禾	株	8
7	050102001005	栽植乔木	青刚栎	株	10
8	050102008001	栽植花卉	杜鹃	株	13
9	050102008002	栽植花卉	野牡丹	株	7
10	050102005001	栽植绿篱	台湾冬青	株	4
11	050102003001	栽植竹类	缟竹	株	2
12	050102007001	栽植色带	红点鲫鱼草	m²	5.2
13	050102008003	栽植花卉	丰花月季	m²	11.7
14	050102008004	栽植花卉	金露花	株	4
15	050102001006	栽植乔木	龙爪槐，高 1.2～1.7m	株	7
16	050102008005	栽植花卉	长春花	株	5
17	050102013001	喷播植草（灌木）籽	栽植播植草	m²	78.5

【例 13】　如图 1-8 所示，试求工程量。

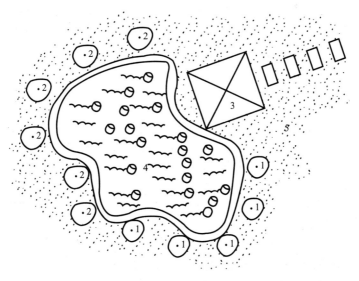

图 1-8　某绿地局部示意图
1—垂柳；2—广玉兰；3—亭子；4—水生植物；5—高羊茅
注：垂柳 5 株；广玉兰 6 株；水生植物 100 丛；高羊茅 1000m²

【解】　（1）2013 清单与 2008 清单对照（表 1-25）

2013 清单与 2008 清单对照表 　　　　表 1-25

序号	清单	项目编码	项目名称	项目特征	计算单位	工程量计算规则	工作内容
1	2013清单	050102001	栽植乔木	1. 种类 2. 胸径或干径 3. 株高、冠径 4. 起挖方式 5. 养护期	株	按设计图示数量计算	1. 起挖 2. 运输 3. 栽植 4. 养护
	2008清单	050102001	栽植乔木	1. 乔木种类 2. 乔木胸径 3. 养护期	株（株丛）	按设计图示数量计算	1. 起挖 2. 运输 3. 栽植 4. 支撑 5. 草绳绕树干 6. 养护
2	2013清单	050102009	栽植水生植物	1. 植物种类 2. 株高或蓬径或芽数/株 3. 单位面积株数 4. 养护期	1. 丛（缸） 2. m²	1. 以株（丛、缸）计量，按设计图示数量计算 2. 以平方米计量，按设计图示尺寸以水平投影面积计算	1. 起挖 2. 运输 3. 栽植 4. 养护
	2008清单	050102009	栽植水生植物	1. 植物种类 2. 养护期	丛/m²	按设计图示数量或面积计算	1. 起挖 2. 运输 3. 栽植 4. 支撑 5. 草绳绕树干 6. 养护
3	2013清单	050102012	铺种草皮	1. 草皮种类 2. 铺种方式 3. 养护期	m²	按设计图示尺寸以绿化投影面积计算	1. 起挖 2. 运输 3. 铺底砂（土） 4. 栽植 5. 养护
	2008清单	050102010	铺种草皮	1. 草皮种类 2. 铺种方式 3. 养护期	m²	按设计图示尺寸以面积计算	1. 起挖 2. 运输 3. 栽植 4. 支撑 5. 草绳绕树干 6. 养护

（2）清单工程量

1）栽植乔木

垂柳：5 株（按设计图示数量计算）。

广玉兰：6 株（按设计图示数量计算）。

2）栽植水生植物

水生植物：100 丛（按设计图示数量计算，养护 3 年）。

3）铺种草皮

高羊茅：1000m²（按设计图示尺寸以面积计算）。

（3）清单工程量计算表（表1-26）

清单工程量计算表   表1-26

序号	项目编码	项目名称	项目特征描述	计量单位	工程量
1	050102001001	栽植乔木	垂柳	株	5
2	050102001002	栽植乔木	广玉兰	株	6
3	050102009001	栽植水生植物	养护3年	丛	100
4	050102012001	铺种草皮	高羊茅	m²	1000.00

【例14】 如图1-9所示为某地绿篱（绿篱为双行，高50cm），试求其工程量。

图1-9 某地绿篱示意图

【解】 （1）2013清单与2008清单对照（表1-27）

2013清单与2008清单对照表   表1-27

清单	项目编码	项目名称	项目特征	计算单位	工程量计算规则	工作内容
2013清单	050102005	栽植绿篱	1. 绿篱种类 2. 篱高 3. 行数、蓬径 4. 单位面积株数 5. 养护期	1. m 2. m²	1. 以米计量，按设计图示长度以延长米计算 2. 以平方米计量，按设计图示尺寸以绿化水平投影面积计算	1. 起挖 2. 运输 3. 栽植 4. 养护
2008清单	050102005	栽植绿篱	1. 绿篱种类 2. 篱高 3. 行数、株距 4. 养护期	m/m²	按设计图示以长度或面积计算	1. 起挖 2. 运输 3. 栽植 4. 支撑 5. 草绳绕树干 6. 养护

（2）清单工程量
绿篱按不同篱高以长度"m"计算。

$$L = 2\pi R \times 2 = 3.14 \times 5.0 \times 2 \times 2 = 62.8\text{m}$$

（3）清单工程量计算表（表1-28）

清单工程量计算表   表1-28

项目编码	项目名称	项目特征描述	计量单位	工程量
050102005001	栽植绿篱	篱高50cm，2行	m	62.80

1.3 绿地喷灌

【例 15】 从现场给水阀门井接出管线。主管线挖土深度 1m，支管线挖土深度 0.6m，二类土。主管直径 75UPVC 管长 98m，直径 40UPVC 管长 151m；支管直径 32UPVC 管长 493.8m。美国雨鸟喷头 5004 型 41 个，美国雨鸟快速取水阀 P33 型 10 个。水表 1 组。截止阀（DN75）2 个。计算喷灌工程量（图 1-10）。

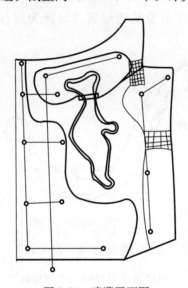

图 1-10 喷灌平面图

【解】（1）2013 清单与 2008 清单对照（表 1-29）

2013 清单与 2008 清单对照表　　　　　　　　表 1-29

序号	清单	项目编码	项目名称	项目特征	计算单位	工程量计算规则	工作内容
1	2013清单	050103001	喷灌管线安装	1. 管道品种、规格 2. 管件品种、规格 3. 管道固定方式 4. 防护材料种类 5. 油漆品种、刷漆遍数	m	按设计图示管道中心线长度以延长米计算，不扣除检查（阀门）井、阀门、管件及附件所占的长度	1. 管道铺设 2. 管道固筑 3. 水压试验 4. 刷防护材料、油漆
	2008清单	050103001	喷灌设施	1. 土石类别 2. 阀门井材料种类、规格 3. 管道品种、规格、长度 4. 管件、阀门、喷头品种、规格、数量 5. 感应电控装置品种、规格、品牌 6. 管道固定方式 7. 防护材料种类 8. 油漆品种、刷漆遍数	m	按设计图示尺寸以长度计算	1. 挖土石方 2. 阀门井砌筑 3. 管道铺设 4. 管道固筑 5. 感应电控设施安装 6. 水压试验 7. 刷防护材料、油漆 8. 回填

续表

序号	清单	项目编码	项目名称	项目特征	计算单位	工程量计算规则	工作内容
2	2013清单	050103002	喷灌配件安装	1. 管道附件、阀门、喷头品种、规格 2. 管道附件、阀门、喷头固定方式 3. 防护材料种类 4. 油漆品种、刷漆遍数	个	按设计图示数量计算	1. 管道附件、阀门、喷头安装 2. 水压试验 3. 刷防护材料、油漆
	2008清单	050103001	喷灌设施	1. 土石类别 2. 阀门井材料种类、规格 3. 管道品种、规格、长度 4. 管件、阀门、喷头品种、规格、数量 5. 感应电控装置品种、规格、品牌 6. 管道固定方式 7. 防护材料种类 8. 油漆品种、刷漆遍数	m	按设计图示尺寸以长度计算	1. 挖土石方 2. 阀门井砌筑 3. 管道铺设 4. 管道固筑 5. 感应电控设施安装 6. 水压试验 7. 刷防护材料、油漆 8. 回填

✱解题思路及技巧

首先要看懂图纸，知道哪段代表的是喷灌设施，然后按照相应的长度进行计算，切记少算漏算。

（2）清单工程量计算表（表1-30）

清单工程量计算表　　　　　　　　表1-30

序号	项目编号	项目名称	项目特征描述	计量单位	工程量
1	050103001001	喷灌管线安装	直径75UPVC管	m	98.00
2	050103001002	喷灌管线安装	直径40UPVC管	m	151.00
3	050103001003	喷灌管线安装	直径32UPVC管	m	493.80
4	050103002001	喷灌配件安装	美国雨鸟喷头5004型	个	41
5	050103002002	喷灌配件安装	美国雨鸟快速取水阀P33型	个	10
6	050103002003	喷灌配件安装	截止阀（DN75）	个	2
7	050103002004	喷灌配件安装	水表	组	1

第2章 园路、园桥工程

2.1 园路、园桥工程

【例1】 21世纪社区绿化工程需要铺装黑白点花岗岩板路面（园路），面积为190.90m²，设计技术要求为：平整场地后铺设150mm厚3：7灰土及50mmC15素混凝土垫层，宽度同面层；之后铺300mm厚1：2.5水泥砂浆；最后铺设600mm×400mm×30mm黑白点花岗石，表面烧毛。

【解】 （1）2013清单与2008清单对照（表2-1）

2013清单与2008清单对照表   表2-1

清单	项目编码	项目名称	项目特征	计算单位	工程量计算规则	工作内容
2013清单	050201001	园路	1. 路床土石类别 2. 垫层厚度、宽度、材料种类 3. 路面厚度、宽度、材料种类 4. 砂浆强度等级	m²	按设计图示尺寸以面积计算，不包括路牙	1. 路基、路床整理 2. 垫层铺筑 3. 路面铺筑 4. 路面养护
2008清单	050201001	园路	1. 垫层厚度、宽度、材料种类 2. 路面厚度、宽度、材料种类 3. 混凝土强度等级 4. 砂浆强度等级	m²	按设计图示尺寸以面积计算，不包括路牙	1. 园路路基、路床整理 2. 垫层铺筑 3. 路面铺筑 4. 路面养护

（2）清单工程量

1）平整场地后铺设150mm厚3：7灰土及50mmC15素混凝土垫层；

2）300mm厚1：2.5水泥砂浆找平层；

3）600mm×400mm×30mm黑白点花岗石；

4）花岗岩表面烧毛。

计量单位：m²；

工程数量：依据工程量计算规则，该清单项目数量为190.90m²。

（3）清单工程量计算表（表 2-2）

清单工程量计算表　　　　　　　　　　　　　　　表 2-2

项目编码	项目名称	项目特征描述	计量单位	工程量
050201001001	园路	1. 铺设 150mm 厚 3：7 灰土及 50mm C15 素混凝土垫层 2. 300mm 厚 1：2.5 水泥砂浆找平层 3. 600mm×400mm×30mm 黑白点石岗石 4. 花岗岩表面烧毛	m²	190.90

【例 2】　某小游园休闲圆形小广场，图案拼花，半径为 4.68m，广场面积为 69m²，面层分别为彩色卵石，面积 10m²，广场砖拼花面积为 59m²，规格 100mm×100mm，结构层为素土夯实，250mm 厚级配砂砾，C15 混凝土垫层（砾石）150mm 厚，30mm 厚 1：3 水泥砂浆，卵石（广场砖）面层，边石为花岗石，规格 20cm×18cm×60cm，边石垫层为 50mm 厚 C20 混凝土，试计算该项目的清单工程量。

【解】　（1）2013 清单与 2008 清单对照（表 2-3）

2013 清单与 2008 清单对照表　　　　　　　　　表 2-3

序号	清单	项目编码	项目名称	项目特征	计算单位	工程量计算规则	工作内容
1	2013清单	040101001	挖一般土方	1. 土壤类别 2. 挖土深度	m³	按设计图示尺寸以体积计算	1. 排地表水 2. 土方开挖 3. 围护（挡土板）及拆除 4. 基底钎探 5. 场内运输
	2008清单	040101001	挖一般土方	1. 土壤类别 2. 挖土深度	m³	按设计图示开挖线以体积计算	1. 土方开挖 2. 围护、支撑 3. 场内运输 4. 平整、夯实
2	2013清单	050201001	园路	1. 路床土石类别 2. 垫层厚度、宽度、材料种类 3. 路面厚度、宽度、材料种类 4. 砂浆强度等级	m²	按设计图示尺寸以面积计算，不包括路牙	1. 路基、路床整理 2. 垫层铺筑 3. 路面铺筑 4. 路面养护
	2008清单	050201001	园路	1. 垫层厚度、宽度、材料种类 2. 路面厚度、宽度、材料种类 3. 混凝土强度等级 4. 砂浆强度等级	m²	按设计图示尺寸以面积计算，不包括路牙	1. 园路路基、路床整理 2. 垫层铺筑 3. 路面铺筑 4. 路面养护

（2）清单工程量

挖土方：$(4.68+0.2) \times (4.68+0.2) \times 3.14 \times (0.25+0.15+0.03) =$ 32.15m³

 贴心助手

4.68 表示小广场半径，0.2 表示花岗岩边石宽度，$(4.68+0.2) \times (4.68+0.2) \times 3.14$ 表示挖土方的面积，$(0.25+0.15+0.03)$ 表示挖土方的平均深度。

（3）清单工程量计算表（表 2-4）

清单工程量计算表 表 2-4

序号	项目编码	项目名称	项目特征描述	计量单位	工程量
1	040101001001	挖一般土方	1. 土壤类别：二类土 2. 平均深度：0.45m 3. 土方运距：20m	m³	32.15
2	050201001001	园路	1. 素土夯实，级配砂砾 250mm 厚 2. C15 混凝土 150mm 厚 3. 30mm 厚 1：3 水泥砂浆 4. 卵石面层，彩色机制卵石	m²	10.00
3	050201001002	园路	1. 素土夯实，级配砂砾 250mm 厚 2. C15 混凝土 150mm 厚 3. 30mm 厚 1：3 水泥砂浆 4. 广场砖面层（拼花）规格 100mm×100mm	m²	59.00

【例3】 如图 2-1 所示，园路的尺寸为 12m×4m，2：8 灰土垫层 150mm 厚，C15 豆石麻面混凝土路面 15cm 厚。试求该园路工程的清单工程量。

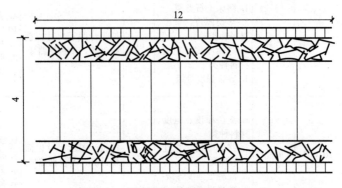

图 2-1 小园园路尺寸图（单位：m）

【解】　（1）2013 清单与 2008 清单对照（表 2-5）

2013 清单与 2008 清单对照表　　　　　表 2-5

序号	清　单	项目编码	项目名称	项目特征	计算单位	工程量计算规则	工作内容
1	2013 清单	050201001	园路	1. 路床土石类别 2. 垫层厚度、宽度、材料种类 3. 路面厚度、宽度、材料种类 4. 砂浆强度等级	m²	按设计图示尺寸以面积计算，不包括路牙	1. 路基、路床整理 2. 垫层铺筑 3. 路面铺筑 4. 路面养护
	2008 清单	050201001	园路	1. 垫层厚度、宽度、材料种类 2. 路面厚度、宽度、材料种类 3. 混凝土强度等级 4. 砂浆强度等级	m²	按设计图示尺寸以面积计算，不包括路牙	1. 园路路基、路床整理 2. 垫层铺筑 3. 路面铺筑 4. 路面养护
2	2013 清单	010404001	垫层	垫层材料种类、配合比、厚度	m³	按设计图示尺寸以立方米计算	1. 垫层材料的拌制 2. 垫层铺设 3. 材料运输
	2008 清单	2008 清单中无此项内容，2013 清单中此项为新增加内容					

（2）清单工程量

园路：$12 \times 4 = 48 \text{m}^2$；

垫层：$48 \times 0.15 = 7.2 \text{m}^3$。

（3）清单工程量计算表（表 2-6）

清单工程量计算表　　　　　表 2-6

序号	项目编码	项目名称	项目特征描述	计量单位	工程量
1	050201001002	园路	C15 豆石麻面混凝土路面 15cm 厚	m²	48.00
2	010404001001	垫层	2∶8 灰土垫层 150mm 厚	m³	7.20

【例 4】　某木桥工程量清单计算（图 2-2、图 2-3）。

木桥有微拱，拱高 100mm，桥宽 1200mm，长 4200mm，采用 80mm × 300mm × 1080mm 白松刨光板；此木桥采用 L 形木梁 2 根，高 200mm，上截面宽 60mm，下截面宽 150mm，长 4200mm，高 200mm，略带拱，拱高 100mm。木材均选用经干燥与防腐后的国产木材。

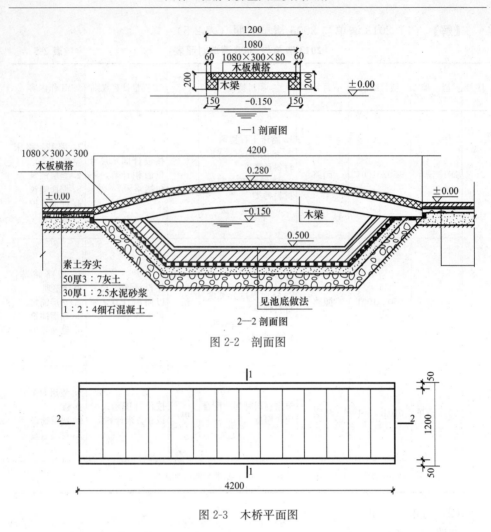

1—1 剖面图

2—2 剖面图

图 2-2　剖面图

图 2-3　木桥平面图

【解】　（1）2013 清单与 2008 清单对照（表 2-7）

2013 清单与 2008 清单对照表　　　　　　表 2-7

序号	清单	项目编码	项目名称	项目特征	计算单位	工程量计算规则	工作内容
1	2013 清单	010101001	平整场地	1. 土壤类别 2. 弃土运距 3. 取土运距	m²	按设计图示尺寸以建筑物首层建筑面积计算	1. 土方挖填 2. 场地找平 3. 运输
	2008 清单	010101001	平整场地	1. 土壤类别 2. 弃土运距 3. 取土运距	m²	按设计图示尺寸以建筑物首层建筑面积计算	1. 土方挖填 2. 场地找平 3. 运输
2	2013 清单	010702002	木梁	1. 构件规格尺寸 2. 木材种类 3. 刨光要求 4. 防护材料种类	m³	按设计图示尺寸以体积计算	1. 制作 2. 运输 3. 安装 4. 刷防护材料

续表

序号	清单	项目编码	项目名称	项目特征	计算单位	工程量计算规则	工作内容
2	2008 清单	010503002	木梁	1. 构件高度、长度 2. 构件截面 3. 木材种类 4. 刨光要求 5. 防护材料种类 6. 油漆品种、刷漆遍数	m³	按设计图示尺寸以体积计算	1. 制作 2. 运输 3. 安装 4. 刷防护材料、油漆
3	2013 清单	050201014	木制步桥	1. 桥宽度 2. 桥长度 3. 木材种类 4. 各部位截面长度 5. 防护材料种类	m²	按桥面板设计图示尺寸以面积计算	1. 木桩加工 2. 打木桩基础 3. 木梁、木桥板、木桥栏杆、木扶手制作、安装 4. 连接铁件、螺栓安装 5. 刷防护材料
	2008 清单	050201016	木制步桥	1. 桥宽度 2. 桥长度 3. 木材种类 4. 各部件截面长度 5. 防护材料种类	m²	按设计图示尺寸以桥面板长乘桥面板宽以面积计算	1. 木桩加工 2. 打木桩基础 3. 木梁、木桥板、木桥栏杆、木扶手制作、安装 4. 连接铁件、螺栓安装 5. 刷防护材料

（2）清单工程量

1）平整场地、放线

$$S = 4.2 \times 1.2 = 5.04 \text{m}^2$$

 贴心助手

4.2 表示木桥长，1.2 表示桥宽。

2）木梁

$$4.2 \times 0.15 \times 0.2 - 4.2 \times 0.09 \times 0.08 = 0.096 \text{m}^3$$

 贴心助手

4.2 表示木桥长，0.15 表示下截面宽，0.2 表示下截面的高，0.08 表示白松刨光板厚度。

木梁总工程量 $0.096 \times 2 = 0.19 \text{m}^3$

3) 木板模搭板面（14 块）

$$1.08 \times 0.08 \times 0.3 \times 14 = 0.36 m^2$$

 贴心助手

1.08 表示白松刨光板的长，0.08 表示白松刨光板厚度，0.3×14 表示木桥的长。

(3) 清单工程量计算表（表 2-8）

清单工程量计算表　　　　　　　　　表 2-8

序号	项目编码	项目名称	项目特征描述	计量单位	工程量
1	010101001001	平整场地	场地平整，放线	m^2	5.04
2	010702002001	木梁	L形木梁，2 根，高 200mm，上截面宽 60mm，下截面宽 150mm，长 4200mm，高 200mm，略带拱，拱高 100mm	m^3	0.19
3	050201014001	木制步桥	微拱，拱高 100mm，桥宽 1200mm，长 4200mm，采用 80mm × 300mm × 1080mm 白松刨光板	m^2	0.36

【例 5】 有一段园路，尺寸如图 2-4、图 2-5 所示。

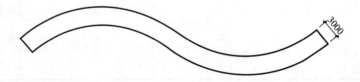

图 2-4　园路平面图（单位：mm）

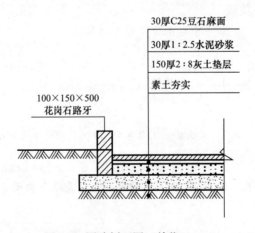

图 2-5　园路剖面图（单位：mm）

说明：弧长 15m。

【解】　（1）2013 清单与 2008 清单对照（表 2-9）

2013 清单与 2008 清单对照表　　　　　　　　表 2-9

序号	清单	项目编码	项目名称	项目特征	计算单位	工程量计算规则	工作内容
1	2013清单	050201001	园路	1. 路床土石类别 2. 垫层厚度、宽度、材料种类 3. 路面厚度、宽度、材料种类 4. 砂浆强度等级	m²	按设计图示尺寸以面积计算，不包括路牙	1. 路基、路床整理 2. 垫层铺筑 3. 路面铺筑 4. 路面养护
	2008清单	050201001	园路	1. 垫层厚度、宽度、材料种类 2. 路面厚度、宽度、材料种类 3. 混凝土强度等级 4. 砂浆强度等级	m²	按设计图示尺寸以面积计算，不包括路牙	1. 园路路基、路床整理 2. 垫层铺筑 3. 路面铺筑 4. 路面养护
2	2013清单	010404001	垫层	垫层材料种类、配合比、厚度	m³	按设计图示尺寸以立方米计算	1. 垫层材料的拌制 2. 垫层铺设 3. 材料运输
	2008清单	2008 清单中无此项内容，2013 清单中此项为新增加内容					
3	2013清单	050201003	路牙铺设	1. 垫层厚度、材料种类 2. 路牙材料种类、规格 3. 砂浆强度等级	m	按设计图示尺寸以长度计算	1. 基层清理 2. 垫层铺设 3. 路牙铺设
	2008清单	050201002	路牙铺设	1. 垫层厚度、材料种类 2. 路牙材料种类、规格 3. 混凝土强度等级 4. 砂浆强度等级	m	按设计图示尺寸以长度计算	1. 基层清理 2. 垫层铺设 3. 路牙铺设

（2）清单工程量

1）园路：$15 \times 3 = 45 \text{m}^2$。

2）2∶8 灰土垫层

$$V = S \times h$$
$$= 45 \times 0.15$$
$$= 6.75 \text{m}^3$$

3）C25 豆石：45m^2。

4）路道牙

路牙侧石安装：$15 \times 2 = 30 \text{m}$。

（3）清单工程量计算表（表 2-10）

清单工程量计算表 表 2-10

序号	项目编码	项目名称	项目特征描述	计量单位	工程量
1	050201001001	园路	C15 豆石麻面混凝土路面 15cm 厚	m²	45.00
2	010404001001	垫层	2∶8 灰土垫层 150mm 厚	m³	6.75
3	050201003001	路牙铺设	3∶7 灰土	m	30.00

【例 6】 有一段园路，尺寸为 25m×3m，3∶7 灰土垫层 200mm 厚，C15 豆石。麻面混凝土路面 15cm 厚。

【解】（1）2013 清单与 2008 清单对照（表 2-11）

2013 清单与 2008 清单对照表 表 2-11

序号	清单	项目编码	项目名称	项目特征	计量单位	工程量计算规则	工作内容
1	2013 清单	050201001	园路	1. 路床土石类别 2. 垫层厚度、宽度、材料种类 3. 路面厚度、宽度、材料种类 4. 砂浆强度等级	m²	按设计图示尺寸以面积计算，不包括路牙	1. 路基、路床整理 2. 垫层铺筑 3. 路面铺筑 4. 路面养护
	2008 清单	050201001	园路	1. 垫层厚度、宽度、材料种类 2. 路面厚度、宽度、材料种类 3. 混凝土强度等级 4. 砂浆强度等级	m²	按设计图示尺寸以面积计算，不包括路牙	1. 园路路基、路床整理 2. 垫层铺筑 3. 路面铺筑 4. 路面养护
2	2013 清单	010404001	垫层	垫层材料种类、配合比、厚度	m³	按设计图示尺寸以立方米计算	1. 垫层材料的拌制 2. 垫层铺设 3. 材料运输
	2008 清单	2008 清单中无此项内容，2013 清单中此项为新增加内容					

（2）清单工程量

园路：$25×3＝75m^2$；

垫层：$75×0.20＝15.00m^3$。

（3）清单工程量计算表（表 2-12）

清单工程量计算表 表 2-12

序号	项目编码	项目名称	项目特征描述	计量单位	工程量
1	050201001001	园路	C15 豆石麻面混凝土路面 15cm 厚	m²	75.00
2	010404001001	垫层	3∶7 灰土垫层 200mm 厚	m³	15.00

【例 7】　如图 2-6 所示为某个小广场平面和剖面示意图，试求其工程量。

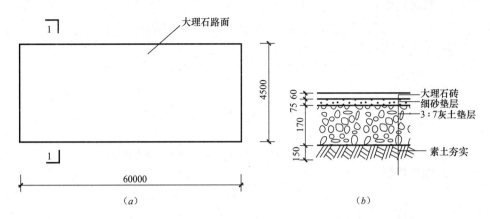

图 2-6　小广场示意图（单位：mm）

（a）平面示意图；（b）剖面示意图

【解】　（1）2013 清单与 2008 清单对照（表 2-13）

2013 清单与 2008 清单对照表　　　　　　　　　　　表 2-13

序号	清单	项目编码	项目名称	项目特征	计算单位	工程量计算规则	工作内容
1	2013 清单	050201001	园路	1. 路床土石类别 2. 垫层厚度、宽度、材料种类 3. 路面厚度、宽度、材料种类 4. 砂浆强度等级	m²	按设计图示尺寸以面积计算，不包括路牙	1. 路基、路床整理 2. 垫层铺筑 3. 路面铺筑 4. 路面养护
	2008 清单	050201001	园路	1. 垫层厚度、宽度、材料种类 2. 路面厚度、宽度、材料种类 3. 混凝土强度等级 4. 砂浆强度等级	m²	按设计图示尺寸以面积计算，不包括路牙	1. 园路路基、路床整理 2. 垫层铺筑 3. 路面铺筑 4. 路面养护
2	2013 清单	010101002	挖一般土方	1. 土壤类别 2. 挖土深度 3. 弃土运距	m³	按设计图示尺寸以体积计算	1. 排地表水 2. 土方开挖 3. 围护（挡土板）及拆除 4. 基底钎探 5. 运输
	2008 清单	010101002	挖土方	1. 土壤类别 2. 挖土平均厚度 3. 弃土运距	m³	按设计图示尺寸以体积计算	1. 排地表水 2. 土方开挖 3. 挡土板支拆 4. 截桩头 5. 基底钎探 6. 运输

（2）清单工程量

1）整理路面：
$$S = 长 \times 宽 = 60 \times 45 = 2700.00 m^2$$

2）素土夯实：
$$V = 长 \times 宽 \times 厚 = 60 \times 45 \times 0.15 = 405.00 m^3$$

3）挖土方：
$$V = 长 \times 宽 \times 厚 = 60 \times 45 \times 0.245 = 661.5 m^3$$

4）3：7灰土垫层：
$$V = 长 \times 宽 \times 厚 = 60 \times 45 \times 0.17 = 459.00 m^3$$

5）细砂垫层：
$$V = 长 \times 宽 \times 厚 = 60 \times 45 \times 0.075 = 202.50 m^3$$

6）贴大理石砖路面：
$$S = 长 \times 宽 = 60 \times 45 = 2700 m^2$$

（3）清单工程量计算表（表2-14）

清单工程量计算表 　　　　表2-14

序号	项目编码	项目名称	项目特征描述	计量单位	工程量
1	050201001001	园路	3：7灰土垫层厚170mm，细砂垫层厚75mm，贴大理石砖面	m²	2700.00
2	010101002001	挖一般土方	挖土深0.245m	m³	661.50

【例8】　如图2-7所示，试求某小型停车场挖土方及砾石垫层的工程量。

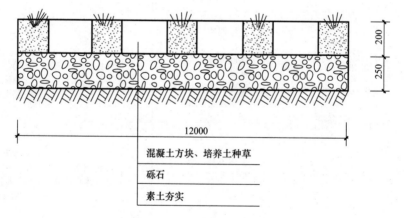

混凝土方块、培养土种草

砾石

素土夯实

图2-7　某小型停车场示意图

注：1.该图为某小型停车场剖面图

　　2.该小型停车场为长方形，宽6m

　　3.图中数据单位均为mm

【解】　（1）2013清单与2008清单对照（表2-15）

2013 清单与 2008 清单对照表　　　　　　表 2-15

序号	清单	项目编码	项目名称	项目特征	计算单位	工程量计算规则	工作内容
1	2013 清单	010404001	垫层	垫层材料种类、配合比、厚度	m³	按设计图示尺寸以立方米计算	1. 垫层材料的拌制 2. 垫层铺设 3. 材料运输
	2008 清单	2008 清单中无此项内容，2013 清单中此项为新增加内容					
2	2013 清单	010101002	挖一般土方	1. 土壤类别 2. 挖土深度 3. 弃土运距	m³	按设计图示尺寸以体积计算	1. 排地表水 2. 土方开挖 3. 围护（挡土板）及拆除 4. 基底钎探 5. 运输
	2008 清单	010101002	挖土方	1. 土壤类别 2. 挖土平均厚度 3. 弃土运距	m³	按设计图示尺寸以体积计算	1. 排地表水 2. 土方开挖 3. 挡土板支拆 4. 截桩头 5. 基底钎探 6. 运输

（2）清单工程量

由图 2-11 所示及说明可知：

$$挖土方 = 长 \times 宽 \times 厚$$
$$= 12 \times 6 \times (0.25 + 0.2) = 32.40 m^3$$

$$砾石垫层 = 长 \times 宽 \times 厚$$
$$= 12 \times 6 \times 0.25 = 18.00 m^3$$

（3）清单工程量计算表（表 2-16）

清单工程量计算表　　　　　　表 2-16

序号	项目编码	项目名称	项目特征描述	计量单位	工程量
1	010101002001	挖一般土方	挖土厚 0.45m	m³	32.40
2	010404001001	垫层	砾石垫层	m³	18.00

【例 9】　某绿化小区要建一个正三角形花坛，边长为 2m，用 300mm×300mm×60mm 厚光面沂蒙红花岗石压顶，200mm×100mm×60mm 烧结砖砌筑，灰色，如图 2-8 所示。

试求：（1）平整场地的工程量；（2）素混凝土基础垫层的工程量（用三类土）。

【解】　（1）2013 清单与 2008 清单对照（表 2-17）

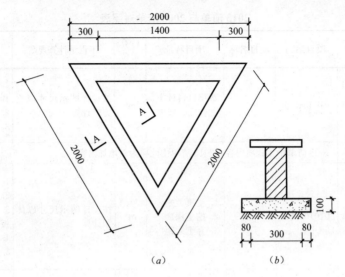

图 2-8　花坛平面图

（a）花坛平面图；（b）A—A 剖面图

<table>
<tr><td colspan="8" align="center">2013 清单与 2008 清单对照表　　　　　表 2-17</td></tr>
<tr><td>序号</td><td>清单</td><td>项目编码</td><td>项目名称</td><td>项目特征</td><td>计算单位</td><td>工程量计算规则</td><td>工作内容</td></tr>
<tr><td rowspan="2">1</td><td>2013 清单</td><td>010404001</td><td>垫层</td><td>垫层材料种类、配合比、厚度</td><td>m³</td><td>按设计图示尺寸以立方米计算</td><td>1. 垫层材料的拌制
2. 垫层铺设
3. 材料运输</td></tr>
<tr><td>2008 清单</td><td colspan="6">2008 清单中无此项内容，2013 清单中此项为新增加内容</td></tr>
<tr><td rowspan="2">2</td><td>2013 清单</td><td>010101001</td><td>平整场地</td><td>1. 土壤类别
2. 弃土运距
3. 取土运距</td><td>m²</td><td>按设计图示尺寸以建筑物首层建筑面积计算</td><td>1. 土方挖填
2. 场地找平
3. 运输</td></tr>
<tr><td>2008 清单</td><td>010101001</td><td>平整场地</td><td>1. 土壤类别
2. 弃土运距
3. 取土运距</td><td>m²</td><td>按设计图示尺寸以建筑物首层面积计算</td><td>1. 土方挖填
2. 场地找平
3. 运输</td></tr>
</table>

✿解题思路及技巧

人工平整场地是指园路、水池、假山、花架、步桥等五个项目施工前所用的场地平整，其他项目均不得计取。

平整场地只限于自然地坪与设计地坪相差厚度在±30cm 以内的就地挖填土或找平，若厚度超过±30cm 者，按挖填土方相应定额子目执行。

（2）清单工程量

由题意及给出的图形可以看出，所求的平整场地的工程量也就是求该三角形花坛的面积，即 $S=\dfrac{1}{2}\times$ 底 $\times$ 高（其中高 h 可通过正弦公式求出，因为该花坛为正三角形花坛，所以每个角都是 $60°$）。

$$h = \sin 60° \times 边长 = \frac{\sqrt{3}}{2} \times 2 = 1.73\text{m}$$

1）平整场地：

$$S_{三角形} = \frac{1}{2}(底 \times 高) = \frac{1}{2} \times 2 \times 1.73 = 1.73\text{m}^2$$

2）素混凝土基础垫层：

$$V = 中心线的长 \times 宽 \times 高$$
$$= 1.7 \times 3 \times (0.3 + 0.08 \times 2) \times 0.1 = 0.23\text{m}^3$$

 贴心助手

三角形花坛的边长为 2m，花坛宽度为 0.3m，则中心线长度为 1.7×3m，垫层宽度为（0.3+0.08×2)m，厚度为 0.1m，则素混凝土基础垫层的体积可知。

（3）清单工程量计算表（表 2-18）

清单工程量计算表　　　　　　　　表 2-18

序号	项目编码	项目名称	项目特征描述	计量单位	工程量
1	010101001001	平整场地	三类土	m²	1.73
2	010404001001	垫层	素混凝土基础垫层	m³	0.23

【例 10】 某公园圆亭台阶 4 个，长 3.5m，用 600mm×150mm×20mm 的花岗石贴面，颜色为灰色，如图 2-9 所示。

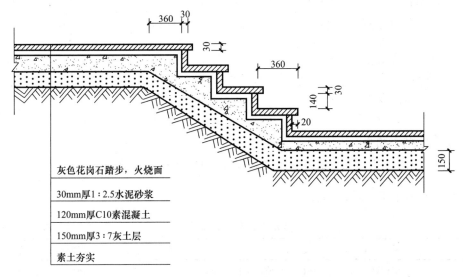

图 2-9　圆亭台阶剖面图

试求：（1）台阶混凝土的工程量；（2）台阶下 3：7 灰土的工程量。

【解】 （1）2013 清单与 2008 清单对照（表 2-19）

2013 清单与 2008 清单对照表 表 2-19

序号	清单	项目编码	项目名称	项目特征	计算单位	工程量计算规则	工作内容
1	2013清单	010507004	台阶	1. 踏步高、宽 2. 混凝土种类 3. 混凝土强度等级	1. m² 2. m³	1. 以平方米计量，按设计图示尺寸水平投影面积计算 2. 以立方米计量，按设计图示尺寸以体积计算	1. 模板及支撑制作、安装、拆除、堆放、运输及清理模内杂物、刷隔离剂等 2. 混凝土制作、运输、浇筑、振捣、养护
	2008清单	2008清单中无此项内容，2013清单中此项为新增加内容					
2	2013清单	010404001	垫层	垫层材料种类、配合比、厚度	m³	按设计图示尺寸以立方米计算	1. 垫层材料的拌制 2. 垫层铺设 3. 材料运输
	2008清单	2008清单中无此项内容，2013清单中此项为新增加内容					

(2) 清单工程量

在计算台阶饰面和台阶混凝土项目时均按设计图示尺寸以台阶（包括最上层踏步边沿加 300mm）水平投影面积计算，这是台阶工程量计算的统一规定。

① 台阶混凝土：

$$S = 台阶水平投影面积 = 3.5 \times 0.36 \times 4 \times 4 = 20.16m^2$$

 贴心助手

台阶长 3.5m，踏步宽度为 0.36m，共 4 阶，4 个入口。

② 台阶下 3：7 灰土：

$$V = 台阶长 \times 斜宽 \times 厚 = 3.5 \times 0.36 \times 4 \times 0.15 \times 4 = 3.02m^3$$

 贴心助手

台阶长 3.5m，宽为 0.36m，共 4 阶，则投影面积可求。灰土垫层厚度为 0.15m。共 4 个入口。

 贴心助手

上面两个计算式中最后一个"4"是指圆亭 4 个入口的台阶个数。

(3) 清单工程量计算表（表 2-20）

清单工程量计算表 表 2-20

序号	项目编码	项目名称	项目特征描述	计量单位	工程量
1	010507004001	台阶	台阶踏步长 3.5m，宽 0.36m，共 4 个	m²	20.16
2	010404001001	垫层	3：7 灰土垫层	m³	3.02

【例 11】 某公园有一条长 150m，宽 1.5m 的透水透气性园路，如图 2-10 所示为该园路局部路面剖面示意图。试求其工程量。

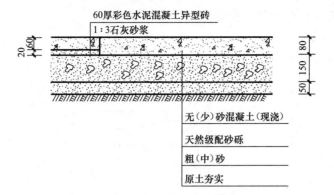

图 2-10 园路局部剖面示意图

说明：彩色水泥混凝土异型砖的总长度占该透水透气性园路总长度的 3/5，并且同 1：3 石灰砂浆等长。

【解】 （1）2013 清单与 2008 清单对照（表 2-21）

2013 清单与 2008 清单对照表 表 2-21

清单	项目编码	项目名称	项目特征	计算单位	工程量计算规则	工作内容
2013 清单	050201001	园路	1. 路床土石类别 2. 垫层厚度、宽度、材料种类 3. 路面厚度、宽度、材料种类 4. 砂浆强度等级	m²	按设计图示尺寸以面积计算，不包括路牙	1. 路基、路床整理 2. 垫层铺筑 3. 路面铺筑 4. 路面养护
2008 清单	050201001	园路	1. 垫层厚度、宽度、材料种类 2. 路面厚度、宽度、材料种类 3. 混凝土强度等级 4. 砂浆强度等级	m²	按设计图示尺寸以面积计算，不包括路牙	1. 园路路基、路床整理 2. 垫层铺筑 3. 路面铺筑 4. 路面养护

（2）清单工程量

项目编码：050201001；

项目名称：园路；

园路清单工程量＝长×宽＝150×1.5＝225m²。

（3）清单工程量计算表（表 2-22）

清单工程量计算表 表 2-22

项目编码	项目名称	项目特征描述	计量单位	工程量
050201001001	园路	园路长 150m，宽 1.5m	m²	225.00

【例 12】 某道路长 200m，为了使其路面与路肩在高程上起衔接作用，并能保护路面，便于排水，因此在其道路的路面两侧安置道牙，如图 2-11 所示为平

道牙剖面示意图，试求其工程量。

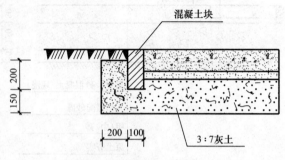

图 2-11 平道牙示意图

【解】 (1) 2013 清单与 2008 清单对照（表 2-23）

2013 清单与 2008 清单对照表　　　　　　　　　　　　　　表 2-23

清　单	项目编码	项目名称	项目特征	计算单位	工程量计算规则	工作内容
2013 清单	050201003	路牙铺设	1. 垫层厚度、材料种类 2. 路牙材料种类、规格 3. 砂浆强度等级	m	按设计图示尺寸以长度计算	1. 基层清理 2. 垫层铺设 3. 路牙铺设
2008 清单	050201002	路牙铺设	1. 垫层厚度、材料种类 2. 路牙材料种类、规格 3. 混凝土强度等级 4. 砂浆强度等级	m	按设计图示尺寸以长度计算	1. 基层清理 2. 垫层铺设 3. 路牙铺设

(2) 清单工程量

项目编码：050201003；

项目名称：路牙铺设。

道牙：道牙的工程量计算是按设计图示尺寸以长度计算。因该道路两边均安置道牙，所以道牙的工程量为 2 倍的道路长，即 $2 \times 200 = 400$m。

(3) 清单工程量计算表（表 2-24）

清单工程量计算表　　　　　　　　　　　　　　表 2-24

项目编码	项目名称	项目特征描述	计量单位	工程量
050201003001	路牙铺设	路牙铺设	m	400.00

【例 13】 有一正方形的树池，边长为 1.1m，其四周进行围牙处理，试求该树池围牙的工程量。

【解】 (1) 2013 清单与 2008 清单对照（表 2-25）

2013 清单与 2008 清单对照表　　　　　表 2-25

清单	项目编码	项目名称	项目特征	计算单位	工程量计算规则	工作内容
2013 清单	050201004	树池围牙、盖板（算子）	1. 围牙材料种类、规格 2. 铺设方式 3. 盖板材料种类、规格	1. m 2. 套	1. 以米计量，按设计图示尺寸以长度计算 2. 以套计量，按设计图示数量计算	1. 基层清理 2. 围牙、盖板运输 3. 围牙、盖板铺设
2008 清单	050201003	树池围牙、盖板	1. 围牙材料种类、规格 2. 铺设方式 3. 盖板材料种类、规格	m	按设计图示尺寸以长度计算	1. 基层清理 2. 围牙、盖板运输 3. 围牙、盖板铺设

✿ **解题思路及技巧**

所谓树池围牙：指按设计用混凝土预制的长条形砌块铺装在树池边缘，起保护树池的作用。

（2）清单工程量

项目编码：050201004；

项目名称：树池围牙；

树池围牙：$L=4\times1.1=4.4$m。

在清单计算时，树池围牙是按设计图示尺寸以长度计算，因为该树池是正方形的，又知边长为 1.1m，所以该树池围牙的清单工程量为 4.4m。

（3）清单工程量计算表（表 2-26）

清单工程量计算表　　　　　表 2-26

项目编码	项目名称	项目特征描述	计量单位	工程量
050201004001	树池围牙	树池围牙长 4.4m	m	4.40

【**例 14**】　某单位汽车停车场用 100 厚混凝土空心砖（内填土壤种草）进行铺装地面，如图 2-12 所示，为该停车场局部剖面示意图，该汽车停车场长 100m，

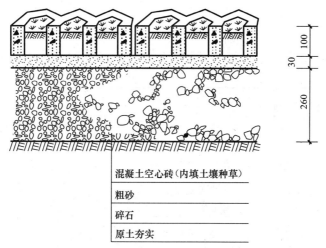

图 2-12　停车场嵌草砖铺装

宽 50m，试求其工程量。

【解】（1）2013 清单与 2008 清单对照（表 2-27）

2013 清单与 2008 清单对照表　　　　　　　　　表 2-27

清　单	项目编码	项目名称	项目特征	计算单位	工程量计算规则	工作内容
2013 清单	050201005	嵌草砖（格）铺装	1. 垫层厚度 2. 铺设方式 3. 嵌草砖（格）品种、规格、颜色 4. 镂空部分填土要求	m²	按设计图示尺寸以面积计算	1. 原土夯实 2. 垫层铺设 3. 铺砖 4. 填土
2008 清单	050201004	嵌草砖铺装	1. 垫层厚度 2. 铺设方式 3. 嵌草砖品种、规格、颜色 4. 镂空部分填土要求	m²	按设计图示尺寸以面积计算	1. 原土夯实 2. 垫层铺设 3. 铺砖 4. 填土

（2）清单工程量

项目编码：050201005；

项目名称：嵌草砖铺装；

工程量计算规则，按设计图示尺寸以面积计算。

$$S = 长 \times 宽 = 100 \times 50 = 5000 \text{m}^2$$

（3）清单工程量计算表（表 2-28）

清单工程量计算表　　　　　　　　　表 2-28

项目编码	项目名称	项目特征描述	计量单位	工程量
050201005001	嵌草砖铺装	装嵌草砖铺装，30 厚粗砂垫层，260 厚碎石垫层	m²	5000.00

【例 15】 某校园内有一处嵌草砖铺装场地，场地长 50m，宽 20m，其局部剖面示意图如图 2-13 所示，试求其工程量。

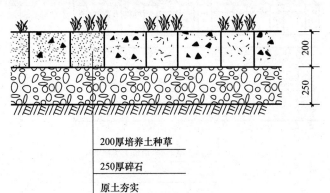

图 2-13　嵌草砖铺装

【解】（1）2013 清单与 2008 清单对照（表 2-29）

2013 清单与 2008 清单对照表　　　　　　　表 2-29

清单	项目编码	项目名称	项目特征	计算单位	工程量计算规则	工作内容
2013 清单	050201005	嵌草砖（格）铺装	1. 垫层厚度 2. 铺设方式 3. 嵌草砖（格）品种、规格、颜色 4. 镂空部分填土要求	m²	按设计图示尺寸以面积计算	1. 原土夯实 2. 垫层铺设 3. 铺砖 4. 填土
2008 清单	050201004	嵌草砖铺装	1. 垫层厚度 2. 铺设方式 3. 嵌草砖品种、规格、颜色 4. 镂空部分填土要求	m²	按设计图示尺寸以面积计算	1. 原土夯实 2. 垫层铺设 3. 铺砖 4. 填土

（2）清单工程量

项目编码：050201005；

项目名称：嵌草砖铺装；

清单工程量计算规则：按设计图示尺寸以面积计算。

$$S = 长 \times 宽 = 50 \times 20 = 1000 m^2$$

（3）清单工程量计算表（表 2-30）

清单工程量计算表　　　　　　　表 2-30

项目编码	项目名称	项目特征描述	计量单位	工程量
050201005001	嵌草砖铺装	嵌草砖铺装，200 厚培养土种草，250 厚碎石	m²	1000.00

【例 16】　某小游园中一园路路面为卵石路面，该路长 100m，宽 2.5m，70mm 厚混凝土栽小卵石，40mm 厚 M2.5 混合砂浆，200mm 厚碎砖三合土，试求该园路工程量（如图 2-14 所示）。

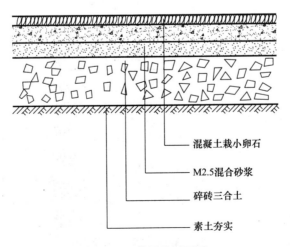

混凝土栽小卵石

M2.5 混合砂浆

碎砖三合土

素土夯实

图 2-14　某园路剖面图

【解】 （1）2013 清单与 2008 清单对照（表 2-31）

2013 清单与 2008 清单对照表　　　　表 2-31

清单	项目编码	项目名称	项目特征	计算单位	工程量计算规则	工作内容
2013 清单	050201001	园路	1. 路床土石类别 2. 垫层厚度、宽度、材料种类 3. 路面厚度、宽度、材料种类 4. 砂浆强度等级	m²	按设计图示尺寸以面积计算，不包括路牙	1. 路基、路床整理 2. 垫层铺筑 3. 路面铺筑 4. 路面养护
2008 清单	050201001	园路	1. 垫层厚度、宽度、材料种类 2. 路面厚度、宽度、材料种类 3. 混凝土强度等级 4. 砂浆强度等级	m²	按设计图示尺寸以面积计算，不包括路牙	1. 园路路基、路床整理 2. 垫层铺筑 3. 路面铺筑 4. 路面养护

✿**解题思路及技巧**

计算园路工程量时，路面厚度、宽度、材料种类，垫层厚度、宽度、材料种类，混凝土强度等级、砂浆强度等级都要交代清楚。计算公式各代表什么，需提前标出。按设计图示尺寸以面积计算。

（2）清单工程量

园路面积：$S=长×宽=100×2.5=250m²$

 贴心助手

100 为路长，2.5 为路宽。

（3）清单工程量计算表（表 2-32）

清单工程量计算表　　　　表 2-32

项目编码	项目名称	项目特征描述	计量单位	工程量
050201001001	园路	70mm 厚混凝土栽小卵石 40mm 厚混合砂浆 200mm 厚碎砖三合土	m²	250.00

【例 17】 某一段行车道路长 200m，宽 30m，此道路为 25mm 厚水泥表面处理，级配碎石面层厚 90mm，碎石垫层厚 150mm，素土夯实，试求该路段工程量（如图 2-15 所示）。

【解】 （1）2013 清单与 2008 清单对照（表 2-33）

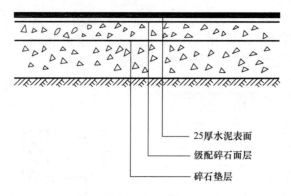

图 2-15　某行车道路剖面图

2013 清单与 2008 清单对照表　　　　表 2-33

清单	项目编码	项目名称	项目特征	计算单位	工程量计算规则	工作内容
2013 清单	050201001	园路	1. 路床土石类别 2. 垫层厚度、宽度、材料种类 3. 路面厚度、宽度、材料种类 4. 砂浆强度等级	m²	按设计图示尺寸以面积计算，不包括路牙	1. 路基、路床整理 2. 垫层铺筑 3. 路面铺筑 4. 路面养护
2008 清单	050201001	园路	1. 垫层厚度、宽度、材料种类 2. 路面厚度、宽度、材料种类 3. 混凝土强度等级 4. 砂浆强度等级	m²	按设计图示尺寸以面积计算，不包括路牙	1. 园路路基、路床整理 2. 垫层铺筑 3. 路面铺筑 4. 路面养护

❋**解题思路及技巧**

计算园路工程量时，路面厚度、宽度、材料种类，垫层厚度、宽度、材料种类，混凝土强度等级、砂浆强度等级都要交代清楚。根据题中描述结合计算规则选择计算方法，其清单按设计图示尺寸以面积计算。

（2）清单工程量

路面面积：

$$S = 长 × 宽 = 200 × 30 = 6000.00 m^2$$

 贴心助手

200 为路长，30 为路宽。

（3）清单工程量计算表（表 2-34）

清单工程量计算表　　　　表 2-34

项目编码	项目名称	项目特征描述	计量单位	工程量
050201001001	园路	150 厚碎石垫层、90mm 厚级配碎面层、25mm 厚水泥表面处理	m²	6000.00

【例 18】　某商场外停车场为砌块嵌草路面，长 500m，宽 300m，120mm 厚

混凝土空心砖，40mm 厚粗砂垫层，200mm 厚碎石垫层，素土夯实。路面边缘设置路牙，挖槽沟深180mm，用3∶7灰土垫层，厚度为160mm，路牙高160mm，宽100mm，试求该停车场工程量（图2-16）。

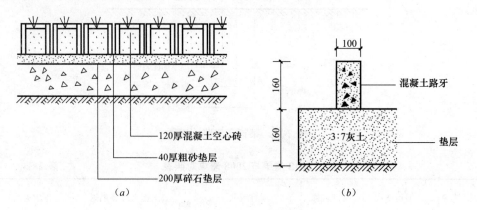

图 2-16　某停车场路面图

（a）停车场剖面图；（b）停车场路牙剖面图

【解】　（1）2013 清单与 2008 清单对照（表 2-35）

2013 清单与 2008 清单对照表　　　　　表 2-35

序号	清单	项目编码	项目名称	项目特征	计算单位	工程量计算规则	工作内容
1	2013清单	050201001	园路	1. 路床土石类别 2. 垫层厚度、宽度、材料种类 3. 路面厚度、宽度、材料种类 4. 砂浆强度等级	m²	按设计图示尺寸以面积计算，不包括路牙	1. 路基、路床整理 2. 垫层铺筑 3. 路面铺筑 4. 路面养护
	2008清单	050201001	园路	1. 垫层厚度、宽度、材料种类 2. 路面厚度、宽度、材料种类 3. 混凝土强度等级 4. 砂浆强度等级	m²	按设计图示尺寸以面积计算，不包括路牙	1. 园路路基、路床整理 2. 垫层铺筑 3. 路面铺筑 4. 路面养护
2	2013清单	050201005	嵌草砖（格）铺装	1. 垫层厚度 2. 铺设方式 3. 嵌草砖（格）品种、规格、颜色 4. 镂空部分填土要求	m²	按设计图示尺寸以面积计算	1. 原土夯实 2. 垫层铺设 3. 铺砖 4. 填土
	2008清单	050201004	嵌草砖铺装	1. 垫层厚度 2. 铺设方式 3. 嵌草砖品种、规格、颜色 4. 镂空部分填土要求	m²	按设计图示尺寸以面积计算	1. 原土夯实 2. 垫层铺设 3. 铺砖 4. 填土

续表

序号	清单	项目编码	项目名称	项目特征	计量单位	工程量计算规则	工作内容
3	2013清单	050201003	路牙铺设	1. 垫层厚度、材料种类 2. 路牙材料种类、规格 3. 砂浆强度等级	m	按设计图示尺寸以长度计算	1. 基层清理 2. 垫层铺设 3. 路牙铺设
	2008清单	050201002	路牙铺设	1. 垫层厚度、材料种类 2. 路牙材料种类、规格 3. 混凝土强度等级 4. 砂浆强度等级	m	按设计图示尺寸以长度计算	1. 基层清理 2. 垫层铺设 3. 路牙铺设

✿解题思路及技巧

1）考虑园路的构造形式及计算规则，以及怎样应用数学原理进行计算。

2）本题中停车场为混凝土砌块嵌草铺装，使得路面特别是在边缘部分容易发生歪斜、散落。所以，设置路牙可以对路面起保护作用。路牙按设计图示尺寸以长度计算。

（2）清单工程量

1）园路面积：

$$S = 长 \times 宽 = 500 \times 300 = 150000 m^2$$

2）铺装面积：

$$S = 长 \times 宽 = 500 \times 300 = 150000 m^2$$

 贴心助手

500 为铺装长度，300 为铺装宽度。

3）路牙长：$2 \times 500 = 1000 m$

（3）清单工程量计算表（表 2-36）

清单工程量计算表

表 2-36

序号	项目编码	项目名称	项目特征描述	计量单位	工程量
1	050201001001	园路	120mm 厚混凝土空心砖，40mm 厚粗砂垫层，200mm 厚碎石垫层，素土夯实	m²	150000.00
2	050201005001	嵌草砖铺装	40mm 厚粗砂垫层，200mm 厚碎石垫层，混凝土空心砖	m²	150000.00
3	050201003001	路牙铺设	3：7 灰土垫层厚 160mm，路牙高 160mm，宽 100mm	m	1000.00

【例 19】　某圆形广场采用青砖铺设路面（无路牙），具体路面结构设计如图 2-17 所示，已知该广场半径为 15m，试求园路的工程量。

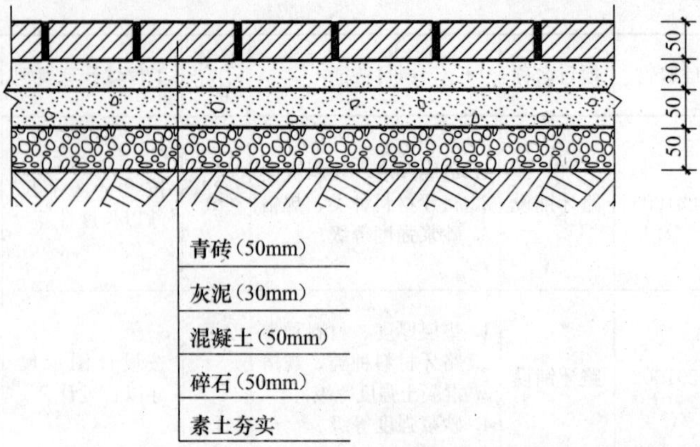
50
30
50
50
青砖(50mm)
灰泥(30mm)
混凝土(50mm)
碎石(50mm)
素土夯实

图 2-17 园路剖面示意图

【解】 (1) 2013 清单与 2008 清单对照(表 2-37)

2013 清单与 2008 清单对照表 **表 2-37**

清单	项目编码	项目名称	项目特征	计算单位	工程量计算规则	工作内容
2013 清单	050201001	园路	1. 路床土石类别 2. 垫层厚度、宽度、材料种类 3. 路面厚度、宽度、材料种类 4. 砂浆强度等级	m^2	按设计图示尺寸以面积计算,不包括路牙	1. 路基、路床整理 2. 垫层铺筑 3. 路面铺筑 4. 路面养护
2008 清单	050201001	园路	1. 垫层厚度、宽度、材料种类 2. 路面厚度、宽度、材料种类 3. 混凝土强度等级 4. 砂浆强度等级	m^2	按设计图示尺寸以面积计算,不包括路牙	1. 园路路基、路床整理 2. 垫层铺筑 3. 路面铺筑 4. 路面养护

※解题思路及技巧

计算园路工程量时,路面厚度、宽度、材料种类,垫层厚度、宽度、材料种类,混凝土强度等级、砂浆强度等级都要交代清楚。计算公式各代表什么,需提前标出。按设计图示尺寸以面积计算。

(2) 清单工程量

项目编码:050201001;

项目名称:园路;

工程量计算规则:按设计图示尺寸以面积计算,不包括路牙。

园路工程量$=3.14\times15^2=706.50m^2$。

贴心助手

圆形广场的半径为 15m。

（3）清单工程量计算表（表 2-38）

清单工程量计算表 　　　　　　　　　　　　　　　　　　　　　表 2-38

项目编码	项目名称	项目特征描述	计量单位	工程量
050201001001	园路	青砖 50mm，灰泥 30mm 混凝土 50mm，碎石 50mm	m²	706.50

【例 20】　某景区为丰富景观，在景区一定地段设置台阶，以增加景观层次感，具体台阶设置构造如图 2-18 所示，试求台阶工程量（该地段台阶为 5 级）。

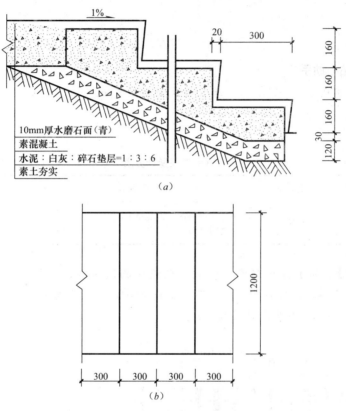

图 2-18　台阶设置构造图

（a）台阶剖面图；（b）台阶平面图

【解】　（1）2013 清单与 2008 清单对照（表 2-39）

2013 清单与 2008 清单对照表 　　　　　　　　　　　　　　　　表 2-39

清单	项目编码	项目名称	项目特征	计算单位	工程量计算规则	工作内容
2013清单	010507004	台阶	1. 踏步高宽比 2. 混凝土类别 3. 混凝土强度等级	1. m² 2. m³	1. 以平方米计量，按设计图示尺寸水平投影面积计算 2. 以立方米计量，按设计图示尺寸以体积计量	1. 模板及支撑制作、安装、拆除、堆放、运输及清理模内杂物、刷隔离剂等 2. 混凝土制作、运输、浇筑、振捣、养护
2008清单	2008 清单中无此项内容，2013 清单中此项为新增加内容					

✿ **解题思路及技巧**

计算台阶工程量时，要注意台阶的阶数以及计算规则上关于最上一层踏步宽度的计算规则。

（2）清单工程量

项目编码：010507004；

项目名称：台阶；

工程量计算规则：按设计图示尺寸水平投影面积计算，或设计图示尺寸以体积计算。

$$S = 0.3 \times 5 \times 1.2 = 1.80 \text{m}^2$$

 贴心助手

踏步宽 0.3m，长 1.2m，共 5 级，则面积可知。

（3）清单工程量计算表（2-40）

清单工程量计算表   表 2-40

项目编码	项目名称	项目特征描述	计量单位	工程量
010507004001	台阶	10mm 厚水磨石面，素混凝土，1:3:6 三合土垫层，素土夯实	m²	1.80

【**例 21**】 为了保护路面，一般会在道路的边缘铺设道牙，已知某园路长 20m，用机砖铺设道牙，具体结构如图 2-19 所示，试求道牙工程量（其中每两块道牙之间有 10mm 的水泥砂浆勾缝）。

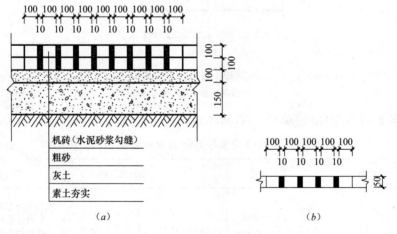

图 2-19 道牙铺设结构图
(a) 剖面图；(b) 平面图

【**解**】 （1）2013 清单与 2008 清单对照（表 2-41）

2013 清单与 2008 清单对照表　　　　表 2-41

清单	项目编码	项目名称	项目特征	计算单位	工程量计算规则	工作内容
2013 清单	050201003	路牙铺设	1. 垫层厚度、材料种类 2. 路牙材料种类、规格 3. 砂浆强度等级	m	按设计图示尺寸以长度计算	1. 基层清理 2. 垫层铺设 3. 路牙铺设
2008 清单	050201002	路牙铺设	1. 垫层厚度、材料种类 2. 路牙材料种类、规格 3. 混凝土强度等级 4. 砂浆强度等级	m	按设计图示尺寸以长度计算	1. 基层清理 2. 垫层铺设 3. 路牙铺设

（2）清单工程量

项目编码：050201003；

项目名称：路牙铺设；

工程量计算规则：按设计图示尺寸以长度计算。

该题路牙铺设长度 $L = 20 \times 2 = 40\text{m}$。

 贴心助手

道牙都是路两边铺设的，因此计算时要注意计算两侧。

（3）清单工程量计算表（表 2-42）

清单工程量计算表　　　　表 2-42

项目编码	项目名称	项目特征描述	计量单位	工程量
050201003001	路牙铺设	机砖 200mm，粗砂 100mm 灰土 150mm，机砖路牙	m	40.00

【例 22】　某绿地中有六角边的树池，树池的池壁用混凝土预制，其长×宽×厚为 100mm×60mm×120mm。为加高树池，树珥的高度为 10cm，试求其树池围牙的工程量。

【解】　（1）2013 清单与 2008 清单对照（表 2-43）

2013 清单与 2008 清单对照表　　　　表 2-43

清单	项目编码	项目名称	项目特征	计算单位	工程量计算规则	工作内容
2013 清单	050201004	树池围牙、盖板（箅子）	1. 围牙材料种类、规格 2. 铺设方式 3. 盖板材料种类、规格	1. m 2. 套	1. 以米计量，按设计图示尺寸以长度计算 2. 以套计量，按设计图示数量计算	1. 基层清理 2. 围牙、盖板运输 3. 围牙、盖板铺设
2008 清单	050201003	树池围牙、盖板	1. 围牙材料种类、规格 2. 铺设方式 3. 盖板材料种类、规格	m	按设计图示尺寸以长度计算	1. 基层清理 2. 围牙、盖板运输 3. 围牙、盖板铺设

✿解题思路及技巧

所谓树池围牙：指按设计用混凝土预制的长条形砌块铺装在树池边缘，起保护树池的作用。

（2）清单工程量

项目编码：050201004；

项目名称：树池围牙、盖板；

工程量计算规则：按设计图示尺寸以长度计算。

$$L = 0.1 \times 6 = 0.6m$$

（3）清单工程量计算表（表 2-44）

清单工程量计算表　　　　　　　　　　表 2-44

项目编码	项目名称	项目特征描述	计量单位	工程量
050201004001	树池围牙、盖板（箅子）	预制混凝土	m	0.60

【例 23】　某园路用嵌草砖铺装，即在砖的空心部分填土种草来丰富景观。已知嵌草砖为六角形，边长是 22cm，厚度为 12cm，空心部分圆形半径为 14cm，其里面填种植土 10cm 厚，该园路所占面积约为 40.5m² （27m×1.5m），具体铺设如图 2-20 所示，试求其工程量。

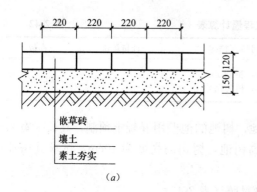
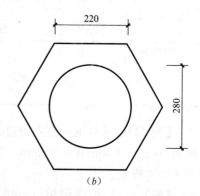

图 2-20　园路铺设示意图

（a）剖面图；（b）平面图

【解】　（1）2013 清单与 2008 清单对照（表 2-45）

2013 清单与 2008 清单对照表　　　　　　　　　　表 2-45

清单	项目编码	项目名称	项目特征	计算单位	工程量计算规则	工作内容
2013 清单	050201005	嵌草砖（格）铺装	1. 垫层厚度 2. 铺设方式 3. 嵌草砖（格）品种、规格、颜色 4. 镂空部分填土要求	m²	按设计图示尺寸以面积计算	1. 原土夯实 2. 垫层铺设 3. 铺砖 4. 填土

续表

清单	项目编码	项目名称	项目特征	计算单位	工程量计算规则	工作内容
2008 清单	050201004	嵌草砖铺装	1. 垫层厚度 2. 铺设方式 3. 嵌草砖品种、规格、颜色 4. 镂空部分填土要求	m²	按设计图示尺寸以面积计算	1. 原土夯实 2. 垫层铺设 3. 铺砖 4. 填土

✾**解题思路及技巧**

采用砌块嵌草铺装的路面，砌块和嵌草是道路的结构面层，其下面只能有一个壤土垫层，在结构上设有基层，只有这样的路面结构才能有利于草的存活与生长。

（2）清单工程量

项目编码：050201005；

项目名称：嵌草砖铺装；

工程量计算规则：按设计图示尺寸以面积计算。

每块嵌草砖面积$=6\times\dfrac{1}{2}\times0.22\times0.11\times\sqrt{3}=0.126\text{m}^2$。

 贴心助手

正六角形从中心划分为 6 个正三角形，计算 6 个正三角形的面积之和。三角形的边长为 0.22m，高度为 $0.11\times\sqrt{3}$m，则面积可知，共 6 个。

整个园路铺设砖面积为 40.5m²。

（3）清单工程量计算表（表 2-46）

清单工程量计算表　　　　　　　　　表 2-46

项目编码	项目名称	项目特征描述	计量单位	工程量
050201005001	嵌草砖铺装	嵌草砖 120mm，壤土 150mm	m²	40.50

【**例 24**】　某景区园路为水泥混凝土路，路两侧设置有路牙，具体园路构造布置如图 2-21 所示，已知路长 22m，宽 6m，路牙长×宽×厚为 20cm×20cm×10cm 的机砖。试求此园路的工程量。

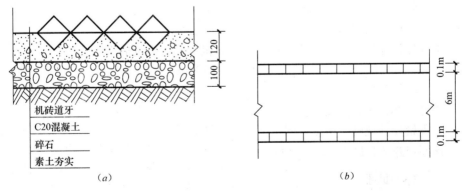

图 2-21　园路构造示意图

（a）剖面图；（b）平面图

【解】　（1）2013 清单与 2008 清单对照（表 2-47）

2013 清单与 2008 清单对照表　　　　　　表 2-47

序号	清单	项目编码	项目名称	项目特征	计算单位	工程量计算规则	工作内容
1	2013 清单	050201001	园路	1. 路床土石类别 2. 垫层厚度、宽度、材料种类 3. 路面厚度、宽度、材料种类 4. 砂浆强度等级	m²	按设计图示尺寸以面积计算，不包括路牙	1. 路基、路床整理 2. 垫层铺筑 3. 路面铺筑 4. 路面养护
	2008 清单	050201001	园路	1. 垫层厚度、宽度、材料种类 2. 路面厚度、宽度、材料种类 3. 混凝土强度等级 4. 砂浆强度等级	m²	按设计图示尺寸以面积计算，不包括路牙	1. 园路路基、路床整理 2. 垫层铺筑 3. 路面铺筑 4. 路面养护
2	2013 清单	050201003	路牙铺设	1. 垫层厚度、材料种类 2. 路牙材料种类、规格 3. 砂浆强度等级	m	按设计图示尺寸以长度计算	1. 基层清理 2. 垫层铺设 3. 路牙铺设
	2008 清单	050201002	路牙铺设	1. 垫层厚度、材料种类 2. 路牙材料种类、规格 3. 混凝土强度等级 4. 砂浆强度等级	m	按设计图示尺寸以长度计算	1. 基层清理 2. 垫层铺设 3. 路牙铺设

❀解题思路及技巧

本题中停车场为混凝土砌块嵌草铺装，使得路面特别是在边缘部分容易发生歪斜、散落。所以，设置路牙可以对路面起保护作用。路牙按设计图示尺寸以长度计算。

（2）清单工程量

1）项目编码：050201001；

项目名称：园路；

工程量计算规则：按设计图示尺寸以面积计算，不包括路牙。

$$S = 22 \times 6 = 132 m^2$$

2）项目编码：050201003；

项目名称：路牙铺设；

工程量计算规则：按设计图示尺寸以长度计算。

该园路路牙长度为 $22 \times 2 = 44 m$。

 贴心助手

> 路长 22m，两侧路牙。

（3）清单工程量计算表（表 2-48）

清单工程量计算表　　　　　表 2-48

序号	项目编码	项目名称	项目特征描述	计量单位	工程量
1	050201001001	园路	C20 混凝土 120mm，碎石 100mm	m²	132.00
2	050201003001	路牙铺设	机砖 20cm×20cm×10cm	m	44.00

【例 25】　某公园有一石桥，具体基础构造如图 2-22 所示，桥的造型形式为平桥，已知桥长 10m，宽 2m，试求园桥的基础工程量（该园桥基础为杯形基础，共有 3 个）。

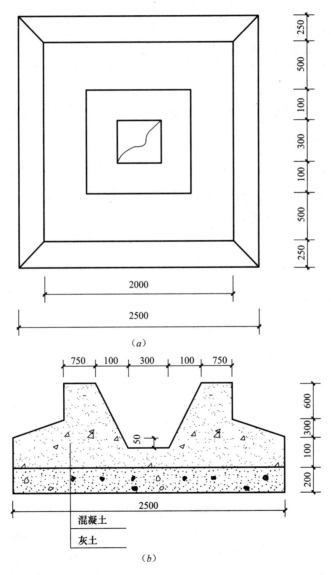

图 2-22　石桥基础构造图

（a）平面图；（b）剖面图

【解】　（1）2013 清单与 2008 清单对照（表 2-49）

2013 清单与 2008 清单对照表 　　　　　　　　　　　表 2-49

序号	清单	项目编码	项目名称	项目特征	计算单位	工程量计算规则	工作内容
1	2013清单	050201006	桥基础	1. 基础类型 2. 垫层及基础材料种类、规格 3. 砂浆强度等级	m³	按设计图示尺寸以体积计算	1. 垫层铺筑 2. 起重架搭、拆 3. 基础砌筑 4. 砌石
	2008清单	050201005	石桥基础	1. 基础类型 2. 石料种类、规格 3. 混凝土强度等级 4. 砂浆强度等级	m³	按设计图示尺寸以体积计算	1. 垫层铺筑 2. 基础砌筑、浇筑 3. 砌石
2	2013清单	010404001	垫层	垫层材料种类、配合比、厚度	m³	按设计图示尺寸以立方米计算	1. 垫层材料的拌制 2. 垫层铺设 3. 材料运输
	2008清单	2008 清单中无此项内容，2013 清单中此项为新增加内容					

❋解题思路及技巧

计算杯形等不规则形状的基础工程量时，可采用图形分割法来分块计算。

（2）清单工程量

项目编码：050201006

项目名称：桥基础

工程量计算规则：按设计图示尺寸以体积计算。

1）垫层采用灰土处理，要分层碾压，使密实度达到 95％以上，工程量＝3×2.5×2×0.2＝3m³。

2）杯形混凝土基础：

$$工程量 = 2.5 \times 2 \times 0.1 + 1.5 \times 2 \times 0.6 + \frac{0.3}{6} \times [2.5 \times 2 + 2 \times 1.5$$
$$+ (2.5+2)(2+1.5)] - \frac{(0.6+0.3+0.05)}{6}$$
$$\times [0.3^2 + 0.5^2 + (0.3+0.5)^2]$$
$$= 0.5 + 1.8 + 1.19 - 0.16$$
$$= 3.33 m^3$$

3 个杯形基础工程量＝3.33×3＝9.99m³。

 贴心助手

　　杯形基础底部长 2.5m，宽 2m，垫层上部 0.1m 的厚度为规则立方体，则体积可知。棱台上部长 2m，宽 1.5m，高 0.6m 也为规则的立方体，体积可知。杯形基础的工程量＝垫层以上的立方体体积＋棱台体积＋棱台之上的立方体体积－中部凹下的棱台体积。外部棱台的大口长为 2.5m，宽为 2m，小口的长为 2m，宽为 1.5m，高度为 0.3m，则棱台体积可求 0.3/6×[(2.5×2)＋(2×1.5)＋(2.5+2)×(2+1.5)]。内部棱台的大口长为 0.5m，宽为 0.5m，小口的长为 0.3m，宽为 0.3m，高为 0.6＋0.3＋0.05m，则内部棱台的体积为 (0.6+0.3+0.05)/6×[0.5²＋0.3²＋(0.3+0.5)²]。则杯形基础的体积可知。

（3）清单工程量计算表（表 2-50）

表 2-50

清单工程量计算表

序号	项目编码	项目名称	项目特征描述	计量单位	工程量
1	050201006001	桥基础	杯形基础	m³	9.99
2	010404001001	桥基础垫层	灰土垫层	m³	3.00

【例 26】 某园桥的形状构造如图 2-23 所示，已知桥基的细石安装采用金刚墙青白石厚 25cm，采用条形混凝土基础，桥墩有 3 个，桥面长 8m，宽 2.0m，试求其工程量。

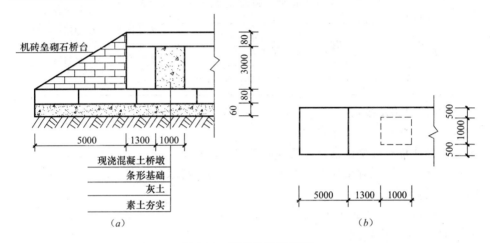

图 2-23　园桥构造示意图

（a）剖面图；（b）平面图

【解】（1）2013 清单与 2008 清单对照（表 2-51）

表 2-51

2013 清单与 2008 清单对照表

序号	清单	项目编码	项目名称	项目特征	计算单位	工程量计算规则	工作内容
1	2013 清单	050201006	桥基础	1. 基础类型 2. 垫层及基础材料种类、规格 3. 砂浆强度等级	m³	按设计图示尺寸以体积计算	1. 垫层铺筑 2. 起重架搭、拆 3. 基础砌筑 4. 砌石
	2008 清单	050201005	石桥基础	1. 基础类型 2. 石料种类、规格 3. 混凝土强度等级 4. 砂浆强度等级	m³	按设计图示尺寸以体积计算	1. 垫层铺筑 2. 基础砌筑、浇筑 3. 砌石
2	2013 清单	050201007	石桥墩、石桥台	1. 石料种类、规格 2. 勾缝要求 3. 砂浆强度等级、配合比	m³	按设计图示尺寸以体积计算	1. 石料加工 2. 起重架搭、拆 3. 墩、台、券石、券脸砌筑 4. 勾缝
	2008 清单	050201006	石桥墩、石桥台	1. 石料种类、规格 2. 勾缝要求 3. 砂浆强度等级、配合比	m³	按设计图示尺寸以体积计算	1. 石料加工 2. 起重架搭、拆 3. 墩、台、旋石、旋脸砌筑 4. 勾缝

续表

序号	清单	项目编码	项目名称	项目特征	计算单位	工程量计算规则	工作内容
3	2013清单	050201010	金刚墙砌筑	1. 石料种类、规格 2. 券脸雕刻要求 3. 勾缝要求 4. 砂浆强度等级、配合比	m^3	按设计图示尺寸以体积计算	1. 石料加工 2. 起重架搭、拆 3. 砌石 4. 填土夯实
	2008清单	050201009	金刚墙砌筑	1. 石料种类、规格 2. 旋脸雕刻要求 3. 勾缝要求 4. 砂浆强度等级、配合比	m^3	按设计图示尺寸以体积计算	1. 石料加工 2. 起重架搭、拆 3. 砌石 4. 填土夯实
4	2013清单	010404001	垫层	垫层材料种类、配合比、厚度	m^3	按设计图示尺寸以立方米计算	1. 垫层材料的拌制 2. 垫层铺设 3. 材料运输
	2008清单	2008清单中无此项内容，2013清单中此项为新增加内容					

❀解题思路及技巧

1) 桥基础按图示尺寸以"m^3"计算；

2) 计算桥台时要注意计算两边的石桥台工程量；

3) 计算石桥墩时要注意计算出所有数量的石桥墩的工程量。

(2) 清单工程量

1) 项目编码：050201006；

项目名称：桥基础；

工程量计算规则：按设计图示尺寸以体积计算。

① 条形混凝土基础工程量＝$(8+2×5)×2×0.08=2.88m^3$；

 贴心助手

> 桥面长 8m，桥台长 5m，条形基础总的长度为 $(8+5×2)$m。桥宽 8m，条形混凝土基础厚度为 0.08m，则条形基础的工程量＝长×宽×厚度。

② 灰土垫层要分层碾压，使密实度达 95% 以上，它的工程量＝$(8+2×5)×2×0.06=2.16m^3$。

 贴心助手

> 桥总长 18m，宽度为 2m，灰土厚度为 0.06m，则灰土垫层体积可知。

2) 项目编码：050201007；

项目名称：石桥墩、石桥台；

工程量计算规则：按设计图示尺寸以体积计算。

① 石桥台为机砖砌筑工程量＝$3.08×5×\dfrac{1}{2}×2×2=30.8m^3$；

 贴心助手

> 桥台的长度为 5m，高度为 3.08m，则桥台截面积可知，两侧桥台，桥宽 2m，桥台体积可知。

② 石桥墩工程量＝1×1×3×3＝9m³。

 贴心助手

石桥墩的长度为 1m，宽度为 1m，高度为 3m，共 3 个，则石桥墩的体积可知。

3）项目编码：050201010；

项目名称：金刚墙砌筑；

工程量计算规则：按设计图示尺寸以体积计算。

桥基的细石安装采用金刚墙青白石，工程量＝8×2×0.25＝4m³。

 贴心助手

桥面长 8m，宽 2m，金刚墙青白石的厚度为 0.25m，工程量可知。

（3）清单工程量计算表（表 2-52）

清单工程量计算表　　　　　　　　　　表 2-52

序号	项目编码	项目名称	项目特征描述	计量单位	工程量
1	050201006001	桥基础	条形混凝土基础	m³	2.88
2	050201007001	石桥墩、石桥台	现浇混凝土桥墩	m³	9.00
3	050201007002	石桥墩、石桥台	石桥台	m³	30.80
4	050201010001	金刚墙砌筑	桥基细石安装采用金刚墙青白石厚 25cm	m³	4.00
5	010404001001	桥基础垫层	灰土垫层，分层碾压	m³	2.16

【例 27】　已知某园桥的石桥墩如图 2-24 所示，石料采用金刚墙青白石，试求该桥墩的工程量，该园桥有 6 个桥墩。

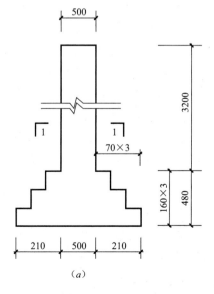

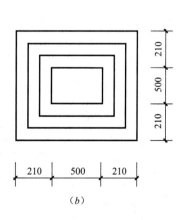

图 2-24　石桥墩示意图

(a) 立面图；(b) 剖面图

【解】 （1）2013清单与2008清单对照（表2-53）

2013清单与2008清单对照表　　　　　　　　　**表 2-53**

清单	项目编码	项目名称	项目特征	计算单位	工程量计算规则	工作内容
2013清单	050201007	石桥墩、石桥台	1. 石料种类、规格 2. 勾缝要求 3. 砂浆强度等级、配合比	m^3	按设计图示尺寸以体积计算	1. 石料加工 2. 起重架搭、拆 3. 墩、台、券石、券脸砌筑 4. 勾缝
2008清单	050201006	石桥墩、石桥台	1. 石料种类、规格 2. 勾缝要求 3. 砂浆强度等级、配合比	m^3	按设计图示尺寸以体积计算	1. 石料加工 2. 起重架搭、拆 3. 墩、台、旋石、旋脸砌筑 4. 勾缝

（2）清单工程量

项目编码：050201007；

项目名称：石桥墩、石桥台；

工程量计算规则：按设计图示尺寸以体积计算。

求桥墩工程量就是求桥墩的体积，它的体积由大放脚四周体积和柱身体积两部分组成。

1）大放脚体积：

$$0.16 \times (0.5 + 0.21 + 0.21)^2 + 0.16 \times [0.5 + (0.07 \times 2) \times 2]^2$$
$$+ 0.16 \times (0.5 + 0.07 \times 2)^2 = 0.135 + 0.097 + 0.066 = 0.298 m^3$$

 贴心助手

> 大放脚的体积分三层，第一层边长为 $(0.21 \times 2 + 0.5)$m，第二层边长为 $(0.5 + 0.7 \times 4)$m，第三层边长为 $(0.5 + 0.7 \times 2)$m，三层高度均为 0.16m，则三层体积可求得，体积相加即为所求。

2）柱身体积：

$$0.5 \times 0.5 \times 3.2 = 0.8 m^3$$

 贴心助手

> 柱子的截面积为 0.5×0.5 (m^2)，柱子高度为 3.2m，体积可知。

3）整个桥墩体积：

$$0.298 + 0.8 = 1.098 m^3$$

所有桥墩体积：

$$1.098 \times 6 = 6.588 m^3$$

 贴心助手

> 整个桥墩的体积为大放脚体积加上柱身体积，共6个桥墩。

(3) 清单工程量计算表（表 2-54）

清单工程量计算表　　　　　　　　　　　　　　　表 2-54

项目编码	项目名称	项目特征描述	计量单位	工程量
050201007001	石桥墩、石桥台	金刚墙青白石	m³	6.59

【例 28】　有一拱桥，采用花岗石制作安装拱旋石，石旋脸的制作、安装采用青白石，桥洞底板为钢筋混凝土处理，桥基细石安装用金刚墙青白石，厚 20cm，试求其工程量。具体拱桥的构造如图 2-25 所示。

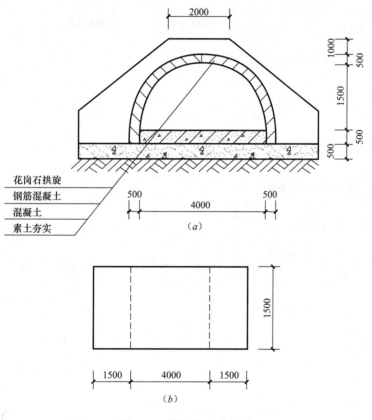

图 2-25　拱桥构造示意图

(a) 剖面图；(b) 平面图

【解】　(1) 2013 清单与 2008 清单对照（表 2-55）

2013 清单与 2008 清单对照表　　　　　　　　　　表 2-55

序号	清单	项目编码	项目名称	项目特征	计量单位	工程量计算规则	工作内容
1	2013清单	050201006	桥基础	1. 基础类型 2. 垫层及基础材料种类、规格 3. 砂浆强度等级	m³	按设计图示尺寸以体积计算	1. 垫层铺筑 2. 起重架搭、拆 3. 基础砌筑 4. 砌石

序号	清单	项目编码	项目名称	项目特征	计算单位	工程量计算规则	工作内容
1	2008清单	050201005	石桥基础	1. 基础类型 2. 石料种类、规格 3. 混凝土强度等级 4. 砂浆强度等级	m³	按设计图示尺寸以体积计算	1. 垫层铺筑 2. 基础砌筑浇筑 3. 砌石
2	2013清单	050201008	拱券石	1. 石料种类、规格 2. 券脸雕刻要求 3. 勾缝要求 4. 砂浆强度等级、配合比	m³	按设计图示尺寸以体积计算	1. 石料加工 2. 起重搭搭、拆 3. 墩、台、券石、券脸砌筑 4. 勾缝
	2008清单	050201007	拱旋石制作、安装	1. 石料种类、规格 2. 旋脸雕刻要求 3. 勾缝要求 4. 砂浆强度等级、配合比	m³	按设计图示尺寸以体积计算	1. 石料加工 2. 起重架搭、拆 3. 墩、台、旋石、旋脸砌筑 4. 勾缝
3	2013清单	050201009	石券脸	1. 石料种类、规格 2. 券脸雕刻要求 3. 勾缝要求 4. 砂浆强度等级、配合比	m²	按设计图示尺寸以面积计算	1. 石料加工 2. 起重架搭、拆 3. 墩、台、券石、券脸砌筑 4. 勾缝
	2008清单	050201008	石旋脸制作、安装	1. 石料种类、规格 2. 旋脸雕刻要求 3. 勾缝要求 4. 砂浆强度等级、配合比	m²	按设计图示尺寸以面积计算	1. 石料加工 2. 起重架搭、拆 3. 墩、台、旋石、旋脸砌筑 4. 勾缝
4	2013清单	050201010	金刚墙砌筑	1. 石料种类、规格 2. 券脸雕刻要求 3. 勾缝要求 4. 砂浆强度等级、配合比	m³	按设计图示尺寸以体积计算	1. 石料加工 2. 起重架搭、拆 3. 砌石 4. 填土夯实
	2008清单	050201009	金刚墙砌筑	1. 石料种类、规格 2. 旋脸雕刻要求 3. 勾缝要求 4. 砂浆强度等级、配合比	m³	按设计图示尺寸以体积计算	1. 石料加工 2. 起重架搭、拆 3. 砌石 4. 填土夯实
5	2013清单	040406002	混凝土底板	1. 类别、部位 2. 混凝土强度等级	m³	按设计图示尺寸以体积计算	1. 模板制作、安装、拆除 2. 混凝土拌和、运输、浇筑 3. 养护
	2008清单	040407002	钢筋混凝土底板	1. 垫层厚度、材料品种、强度 2. 混凝土强度等级、石料最大粒径	m³	按设计图示尺寸以体积计算	1. 垫层铺设 2. 混凝土浇筑 3. 养生

❋解题思路及技巧

1) 桥基础按图示尺寸以"m³"计算；

2) 计算桥台时要注意计算两边的石桥台工程量；

（2）清单工程量

1) 项目编码：050201006

项目名称：桥基础

工程量计算规则：按设计图示尺寸以体积计算。

混凝土石桥基础工程量＝7×1.5×0.5＝5.25m³。

 贴心助手

> 拱桥长 7m，宽 1.5m，混凝土基础厚度为 0.5m，则基础工程量可知。

钢筋混凝土桥洞底板工程量＝4×1.5×0.5＝3m³。

 贴心助手

> 桥洞底板长度为 4m，底板宽 1.5m，厚度为 0.5m，底板工程量可知。

2) 项目编码：050201008；

项目名称：拱旋石制作、安装；

工程量计算规则：按设计图示尺寸以体积计算。

拱圈石层的厚度，应取桥拱半径的 1/12～1/6，加工成上宽下窄的楔形石块，石块一侧。

做有榫头另一侧做有榫眼，拱券时相互扣合。

$$其工程量 = \frac{1}{2} \times 3.14 \times (2.5^2 - 2^2) \times 1.5 = 5.299m^3$$

 贴心助手

> 拱圈外侧半径为 2.5m，内侧半径为 2m，则大圆一半减去小圆一半得出拱圈的弧形面积，桥宽 1.5m，则拱圈体积为弧形面积×桥宽。

3) 项目编码：050201009；

项目名称：石旋脸制作、安装；

工程量计算规则：按设计图示尺寸以面积计算。

$$石旋脸的工程量 = \frac{1}{2} \times 3.14 \times (2.5^2 - 2.0^2) \times 2 = 7.065m^2$$

 贴心助手

> 石旋脸的面积为拱圈的面积，两侧贴石旋脸，则总面积可求。石旋脸计算时要注意桥的两面工程量计算，所以要乘以 2 来计算。

4) 项目编码：050201010；

项目名称：金刚墙砌筑；

工程量计算规则：按设计图示尺寸以体积计算。

金刚墙采用青白石处理，其工程量＝7×1.5×0.2＝2.1m³。

 贴心助手

> 桥长7m，宽1.5m，厚度为0.2m，则金刚墙体积可知。

（3）清单工程量计算表（表2-56）

清单工程量计算表 表 2-56

序号	项目编码	项目名称	项目特征描述	计量单位	工程量
1	050201006001	桥基础	混凝土石桥基础青白石	m³	5.25
2	050201008001	拱旋石制作、安装	花岗石制作安装拱旋石	m³	5.30
3	050201009001	石旋脸制作、安装	青白石	m²	7.07
4	050201010001	金刚墙砌筑	青白石	m³	2.10
5	040406002001	混凝土底板	钢筋混凝土	m³	3.00

【例29】 某桥面的铺装构造如图2-26所示，桥面用水泥混凝土铺装厚6cm，桥面檐板为石板铺装，厚度为10cm，位于桥面两边的仰天石为青白石，桥面的长为8m、宽为2m，为了便于排水，桥面设置1.5%的横坡，试求其工程量。

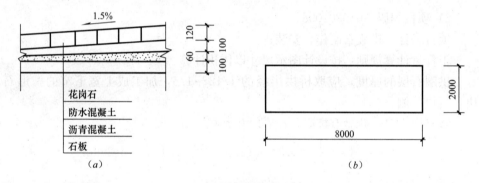

图 2-26 桥面构造示意图

（a）剖面图；（b）平面图

【解】 （1）2013清单与2008清单对照（表2-57）

2013清单与2008清单对照表 表 2-57

序号	清单	项目编码	项目名称	项目特征	计算单位	工程量计算规则	工作内容
1	2013清单	050201011	石桥面铺筑	1. 石料种类、规格 2. 找平层厚度、材料种类 3. 勾缝要求 4. 混凝土强度等级 5. 砂浆强度等级	m²	按设计图示尺寸以面积计算	1. 石材加工 2. 抹找平层 3. 起重架搭、拆 4. 桥面、桥面踏步铺设 5. 勾缝
	2008清单	050201010	石桥面铺筑	1. 石料种类、规格 2. 找平层厚度、材料种类 3. 勾缝要求 4. 混凝土强度等级 5. 砂浆强度等级	m²	按设计图示尺寸以面积计算	1. 石材加工 2. 抹找平层 3. 起重架搭、拆 4. 桥面、桥面踏步铺设 5. 勾缝

续表

序号	清单	项目编码	项目名称	项目特征	计算单位	工程量计算规则	工作内容
2	2013清单	050201012	石桥面檐板	1. 石料种类、规格 2. 勾缝要求 3. 砂浆强度等级、配合比	m²	按设计图示尺寸以面积计算	1. 石材加工 2. 檐板铺设 3. 铁锔、银锭安装 4. 勾缝
	2008清单	050201011	石桥面檐板	1. 石料种类、规格 2. 勾缝要求 3. 砂浆强度等级、配合比	m²	按设计图示尺寸以面积计算	1. 石材加工 2. 檐板、仰天石、地伏石铺设 3. 铁锔、银锭安装 4. 勾缝
3	2013清单	020201006	地伏石	1. 粘结层材料种类、厚度、砂浆强度等级 2. 石料种类、构件规格 3. 石表面加工要求及等级 4. 保护层材料种类	m²	按设计图示尺寸以水平投影面积计算	1. 基层清理 2. 石构制作 3. 材料运输、安装、校正，修正缝口，固定 4. 刷防护材料
	2008清单	050201012	仰天石、地伏石	1. 石料种类，规格 2. 勾缝要求 3. 砂浆强度等级、配合比	m/m³	按设计图示尺寸以长度或体积计算	1. 石材加工 2. 檐板、仰天石、地伏石铺设 3. 铁锔、银锭安装 4. 勾缝

✿解题思路及技巧

桥面铺装要求具有一定强度，耐磨，防止开裂，通常布置要求线型平顺，与路线顺利搭接。

（2）清单工程量

1）项目编码：050201011；

项目名称：石桥面铺筑；

工程量计算规则：按设计图示尺寸以面积计算。

桥面各构造层的面积都相同为 $8×2=16m^2$。

2）项目编码：050201012；

项目名称：石桥面檐板；

工程量计算规则：按设计图示尺寸以面积计算。

该园桥面檐板面积为 $2×8=16m^2$。

3）项目编码：020201006；

项目名称：地伏石；

工程量计算规则：按设计图示尺寸以长度计算。

该园桥为青白石的仰天石,长度为 16m。

(3) 清单工程量计算表(表 2-58)

清单工程量计算表　　　　　　　　　　　　　　　　**表 2-58**

序号	项目编码	项目名称	项目特征描述	计量单位	工程量
1	050201011001	石桥面铺筑	花岗石厚 120mm,防水混凝土 100mm,沥青混凝土 60mm,石板 100mm	m²	16.00
2	050201012001	石桥面檐板	石板铺装,厚 10cm	m²	16.00
3	020201006001	仰天石	青白石	m	16.00

【例 30】 某园桥的桥台为台阶处理,具体结构布置如图 2-27 所示,为便于排水,防止结冰,台阶踏步设置 1% 的向下坡度,采用青白石材料,试求台阶工程量(台阶有 6 级)。

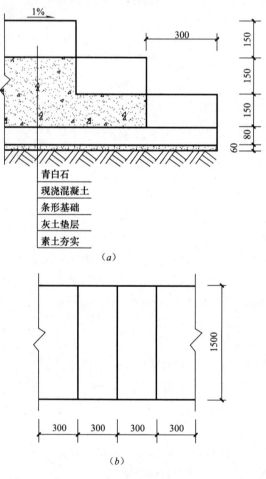

（a）

（b）

图 2-27　园桥台阶结构示意图

（a）剖面图；（b）平面图

【解】 (1) 2013 清单与 2008 清单对照(表 2-59)

2013 清单与 2008 清单对照表　　　　　　　　　　表 2-59

序号	清单	项目编码	项目名称	项目特征	计算单位	工程量计算规则	工作内容
1	2013 清单	050201006	桥基础	1. 基础类型 2. 垫层及基础材料种类、规格 3. 砂浆强度等级	m³	按设计图示尺寸以体积计算	1. 垫层铺筑 2. 起重架搭、拆 3. 基础砌筑 4. 砌石
	2008 清单	050201005	石桥基础	1. 基础类型 2. 石料种类、规格 3. 混凝土强度等级 4. 砂浆强度等级	m³	按设计图示尺寸以体积计算	1. 垫层铺筑 2. 基础砌筑、浇筑 3. 砌石
2	2013 清单	010507004	台阶	1. 踏步高宽比 2. 混凝土类别 3. 混凝土强度等级	1. m² 2. m³	1. 以平方米计量，按设计图示尺寸水平投影面积计算 2. 以立方米计量，按设计图示尺寸以体积计量	1. 模板及支撑制作、安装、拆除、堆放、运输及清理模内杂物、刷隔离剂等 2. 混凝土制作、运输、浇筑、振捣、养护
	2008 清单	2008 清单中无此项内容，2013 清单中此项为新增加内容						
3	2013 清单	010404001	垫层	垫层材料种类、配合比、厚度	m³	按设计图示尺寸以立方米计算	1. 垫层材料的拌制 2. 垫层铺设 3. 材料运输
	2008 清单	2008 清单中无此项内容，2013 清单中此项为新增加内容						
4	2013 清单	011107001	石材台阶面	1. 找平层厚度、砂浆配合比 2. 粘结层材料种类 3. 面层材料品种、规格、颜色 4. 勾缝材料种类 5. 防滑条材料种类、规格 6. 防护材料种类	m²	按设计图示尺寸以台阶（包括最上层踏步边沿加 300mm）水平投影面积计算	1. 基层清理 2. 抹找平层 3. 面层铺贴 4. 贴嵌防滑条 5. 勾缝 6. 刷防护材料 7. 材料运输
	2008 清单	020108001	石材台阶面	1. 垫层材料种类、厚度 2. 找平层厚度、砂浆配合比 3. 粘结层材料种类 4. 面层材料品种、规格、品牌、颜色 5. 勾缝材料种类 6. 防滑条材料种类、规格 7. 防护材料种类	m²	按设计图示尺寸以台阶（包括最上层踏步边沿加 300mm）水平投影面积计算	1. 基层清理 2. 铺设垫层 3. 抹找平层 4. 面层铺贴 5. 贴嵌防滑条 6. 勾缝 7. 刷防护材料 8. 材料运输

❋**解题思路及技巧**

1）桥台阶基础按图示尺寸以"m³"计算；

2）计算桥台时要注意计算两边的石桥台工程量；

(2) 清单工程量

1) 项目编码: 050201006;

项目名称: 桥基础;

工程量计算规则: 按设计图示尺寸以体积计算。

① 混凝土的工程量:

$$(0.3 \times 0.15 + 0.3 \times 0.15 \times 2 + 0.3 \times 0.15 \times 3 + 0.3 \times 0.15 \times 4$$
$$+ 0.3 \times 0.15 \times 5) \times 1.5 \times 2 = 0.675 \times 1.5 \times 2 = 2.03 \text{m}^3$$

 贴心助手

共 6 级台阶, 由图 2-28 (a) 可知, 台阶宽度 300 不变, 厚度第一级 150, 依次增加 150。

② 条形基础的工程量:

$$0.3 \times 6 \times 0.08 \times 1.5 \times 2 = 0.432 \text{m}^3$$

 贴心助手

台阶投影长度为 0.3×6m, 宽度为 1.5m, 投影面积可知, 条形基础厚度为 0.08m, 桥台两侧皆有台阶, 则条形基础工程量=投影面积×基础厚度×2。

③ 灰土层的工程量:

$$0.3 \times 6 \times 0.06 \times 1.5 \times 2 = 0.324 \text{m}^3$$

 贴心助手

台阶投影长度为 0.3×6m, 宽度为 1.5m, 投影面积可知, 灰土层厚度为 0.06m, 桥台两侧皆有台阶, 则灰土层工程量可求。

计算时要注意台阶一侧 6 级, 要计算出两侧台阶的总工程量, 所以乘以 2。

2) 项目编码: 011107001;

项目名称: 石材台阶面;

工程量计算规则: 按设计图示尺寸以台阶 (包括最上层踏步边沿加 300mm) 水平投影面积计算。

踏步安装青白石面积=0.3×1.5×(6+1)×2=6.3m²

 贴心助手

踏步宽 0.3m, 长 1.5m, 共 6 级, 桥台两侧, 则青白石面积可知。

(3) 清单工程量计算表 (表 2-60)

清单工程量计算表 表 2-60

序号	项目编码	项目名称	项目特征描述	计量单位	工程量
1	050201006001	桥基础	条形基础	m³	0.43
2	010507004001	台阶	现浇混凝土	m³	2.03
3	010404001001	桥基础灰土垫层	灰土垫层	m³	0.32
4	011107001001	石材台阶面	青白石	m²	6.30

【**例 31**】 某园桥的桥面为了游人安全以及更好地起到装饰效果，安装了钢筋混凝土制作的雕刻栏杆，采用青白石罗汉板，有扶手（厚 8cm），并银锭扣固定，在栏杆端头用抱鼓石对罗汉板封头，具体结构布置如图 2-28 所示，该园桥长 8.5m，宽 2m，试求其工程量，栏杆下面用青白石的地伏石安装。

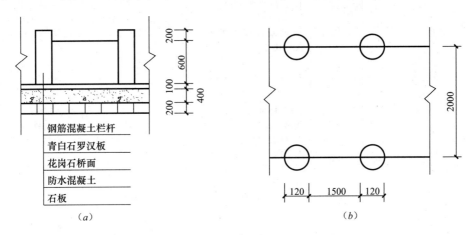

图 2-28 园桥结构布置示意图

(a) 剖面图；(b) 平面图

【**解**】 (1) 2013 清单与 2008 清单对照（表 2-61）

2013 清单与 2008 清单对照表   表 2-61

序号	清单	项目编码	项目名称	项目特征	计算单位	工程量计算规则	工作内容
1	2013 清单	050201011	石桥面铺筑	1. 石料种类、规格 2. 找平层厚度、材料种类 3. 勾缝要求 4. 混凝土强度等级 5. 砂浆强度等级	m²	按设计图示尺寸以面积计算	1. 石材加工 2. 抹找平层 3. 起重架搭、拆 4. 桥面、桥面踏步铺设 5. 勾缝
	2008 清单	050201010	石桥面铺筑	1. 石料种类、规格 2. 找平层厚度、材料种类 3. 勾缝要求 4. 混凝土强度等级 5. 砂浆强度等级	m²	按设计图示尺寸以面积计算	1. 石材加工 2. 抹找平层 3. 起重架搭、拆 4. 桥面、桥面踏步铺设 5. 勾缝
2	2013 清单	020201006	地伏石	1. 粘结层材料种类、厚度、砂浆强度等级 2. 石料种类、构件规格 3. 石表面加工要求及等级 4. 保护层材料种类	m²	按设计图示尺寸以水平投影面积计算	1. 基层清理 2. 石构件制作 3. 材料运输、安装、校正、修正缝口、固定 4. 刷防护材料

续表

序号	清单	项目编码	项目名称	项目特征	计算单位	工程量计算规则	工作内容
2	2008清单	050201012	仰天石、地伏石	1. 石料种类、规格 2. 勾缝要求 3. 砂浆强度等级、配合比	m/m³	按设计图示长度或体积计算	1. 石材加工 2. 檐板、仰天石、地伏石铺设 3. 铁锔、银锭安装 4. 勾缝
3	2013清单	020202003	栏杆	1. 石料种类、构件规格、构件式样 2. 石表面加工要求及等级 3. 雕刻种类、形式 4. 勾缝要求 5. 砂浆强度等级	1. m 2. m²	1. 以米计量，按石料断面分别以延长米计算 2. 以平方米计量，按设计图示尺寸以面积计算	1. 选料、放样、开料 2. 石构件制作 3. 石构件雕刻 4. 吊装 5. 运输 6. 铺砂浆 7. 安装、校正、修正缝口、固定
	2008清单	050201014	栏杆、扶手	1. 石料种类、规格 2. 栏杆、扶手截面 3. 勾缝要求 4. 砂浆配合比	m	按设计图示尺寸以长度计算	1. 石料加工 2. 栏杆、扶手安装 3. 铁锔、银锭安装 4. 勾缝
4	2013清单	020202004	栏板	1. 石料种类、构件规格、构件式样 2. 石表面加工要求及等级 3. 雕刻种类、形式 4. 勾缝要求 5. 砂浆强度等级	1. m 2. m² 3. 块	1. 以米计量，按石料断面分别以延长米计算 2. 以平方米计量，按设计图示尺寸以面积计算 3. 以块计量，按设计图示尺寸以数量计算	1. 选料、放样、开料 2. 石构件制作 3. 石构件雕刻 4. 吊装 5. 运输 6. 铺砂浆 7. 安装、校正、修正缝口、固定
	2008清单	050201015	栏板、撑鼓	1. 石料种类、规格 2. 栏板、撑鼓雕刻要求 3. 勾缝要求 4. 砂浆配合比	块	按设计图示数量计算	1. 石料加工 2. 栏板、撑鼓雕刻 3. 栏板、撑鼓安装 4. 勾缝

✽ **解题思路及技巧**

桥面铺装要求具有一定强度，耐磨，防止开裂，通常布置要求线型平顺，与路线顺利搭接。

（2）清单工程量

1）项目编码：050201011；

项目名称：石桥面铺筑；

工程量计算规则：按设计图示尺寸以面积计算。

花岗石桥面的工程量＝8.5×2＝17m²

 贴心助手

园桥长 8.5m，宽 2m，面积可得。

2）项目编码：020201006；

项目名称：地伏石；

工程量计算规则：按设计图示尺寸以水平投影面积计算。

青白石的地伏石工程量为 8.5×2×0.12＝2.04m²。

3）项目编码：020202003；

项目名称：栏杆；

工程量计算规则：以米计量，按石料断面分别以延长米计算。

该题所给园桥共有 12 根栏杆，高 80cm 栏杆工程量为 8.5×2＝17m。

 贴心助手

青白石地伏石位于栏杆之下，园桥长 8.5m，两侧栏杆，则青白石长度为 (8.5×2)m。

4）项目编码：020202004；

项目名称：栏板；

工程量计算规则：以块计量，按设计图示尺寸以数量计算。

该园桥共有青白石罗汉板 10 块。

（3）清单工程量计算表（表 2-62）

清单工程量计算表　　　　　　　　　　　　表 2-62

序号	项目编码	项目名称	项目特征描述	计量单位	工程量
1	050201011001	石桥面铺筑	花岗石桥面	m²	17.00
2	020201006001	地伏石	青白石	m²	2.04
3	020202003001	栏杆	钢筋混凝土制作的雕刻栏杆	m	17.00
4	020202004001	栏板	青白石罗汉板	块	10

【例 32】　某公园有一木制步桥，是以天然木材为材料，桥长 6.6m，宽 1.5m，桥洞底板用现浇钢筋混凝土处理，木梁梁宽 20cm，栏杆为井字纹花栏杆，栏杆为圆形，直径为 10cm，都用螺栓进行加固处理，共用 2kg 左右，制作安装完成后用油漆处理表面，具体结构布置如图 2-29 所示，试求其工程量。

【解】　（1）2013 清单与 2008 清单对照（表 2-63）

✿解题思路及技巧

1）桥基础按图示尺寸以"m³"计算；

2）计算桥台时要注意计算两边的石桥台工程量。

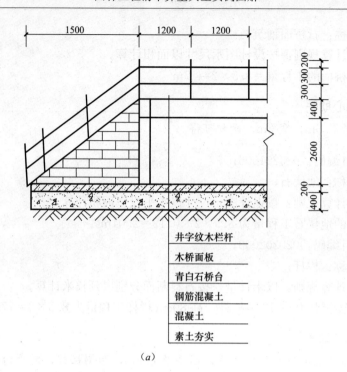

井字纹木栏杆
木桥面板
青白石桥台
钢筋混凝土
混凝土
素土夯实

(a)

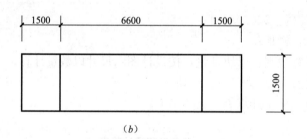

(b)

图 2-29　步桥结构示意图

(a) 剖面图；(b) 平面图

2013 清单与 2008 清单对照表　　　　　表 2-63

序号	清单	项目编码	项目名称	项目特征	计算单位	工程量计算规则	工作内容
1	2013清单	050201006	桥基础	1. 基础类型 2. 垫层及基础材料种类、规格 3. 砂浆强度等级	m³	按设计图示尺寸以体积计算	1. 垫层铺筑 2. 起重架搭、拆 3. 基础砌筑 4. 砌石
	2008清单	050201005	石桥基础	1. 基础类型 2. 石料种类、规格 3. 混凝土强度等级 4. 砂浆强度等级	m³	按设计图示尺寸以体积计算	1. 垫层铺筑 2. 基础砌筑、浇筑 3. 砌石

续表

序号	清单	项目编码	项目名称	项目特征	计算单位	工程量计算规则	工作内容
2	2013清单	050201007	石桥墩、石桥台	1. 石料种类、规格 2. 勾缝要求 3. 砂浆强度等级、配合比	m³	按设计图示尺寸以体积计算	1. 石料加工 2. 起重架搭、拆 3. 墩、台、券石、券脸砌筑 4. 勾缝
	2008清单	050201006	石桥墩、石桥台	1. 石料种类、规格 2. 勾缝要求 3. 砂浆强度等级、配合比	m³	按设计图示尺寸以体积计算	1. 石料加工 2. 起重架搭、拆 3. 墩、台、旋石、旋脸砌筑 4. 勾缝
3	2013清单	050201014	木制步桥	1. 桥宽度 2. 桥长度 3. 木材种类 4. 各部位截面长度 5. 防护材料种类	m²	按桥面板设计图示尺寸以面积计算	1. 木桩加工 2. 打木桩基础 3. 木梁、木桥板、木桥栏杆、木扶手制作、安装 4. 连接铁件、螺栓安装 5. 刷防护材料
	2008清单	050201016	木制步桥	1. 桥宽度 2. 桥长度 3. 木材种类 4. 各部件截面长度 5. 防护材料种类	m²	按设计图示尺寸以桥面板长乘桥面板宽以面积计算	1. 木桩加工 2. 打木桩基础 3. 木梁、木桥板、木桥栏杆、木扶手制作、安装 4. 连接铁件、螺栓安装 5. 刷防护材料
4	2013清单	040406002	混凝土底板	1. 类别、部位 2. 混凝土强度等级	m³	按设计图示尺寸以体积计算	1. 模板制作、安装、拆除 2. 混凝土拌和、运输、浇筑 3. 养护
	2008清单	040407002	钢筋混凝土底板	1. 垫层厚度、材料品种、强度 2. 混凝土强度等级、石料最大粒径	m³	按设计图示尺寸以体积计算	1. 垫层铺设 2. 混凝土浇筑 3. 养生

(2) 清单工程量

1) 项目编码：050201006；

项目名称：桥基础；

工程量计算规则：按设计图示尺寸以体积计算。

现浇钢筋混凝土桥洞底板工程量＝(6.6＋1.5＋1.5)×1.5×0.2＝2.88m³；

🛈 贴心助手

> 桥面长 6.6m，桥台长 1.5m，则桥的总长为 (6.6＋1.5×2)m，桥宽 1.5m，底板厚度为 0.2m，则底板的工程量可知。

混凝土层的工程量 ＝ (6.6＋1.5＋1.5)×1.5×0.4 ＝ 5.76m³。

贴心助手

桥的总长为 9.6m，宽度为 1.5m，混凝土层的厚度为 0.4m，混凝土层的体积＝长×宽×厚度。

2）项目编码：050201007；

项目名称：石桥墩、石桥台；

工程量计算规则：按设计图示尺寸以体积计算。

该园桥所用青白石桥台的工程量 $= \left(\dfrac{1}{2} \times 3 \times 1.5 \times 1.5 \right) \times 2 = 6.75 \text{m}^3$。

3）项目编码：050201014；

项目名称：木制步桥；

工程量计算规则：按设计图示尺寸以桥面板长乘桥面板宽以面积计算。

该木制步桥的工程量 $= 6.6 \times 1.5 = 9.9 \text{m}^2$。

 贴心助手

桥面长 6.6m，宽 1.5m，则桥面面积可知。

（3）清单工程量计算表（表 2-64）

清单工程量计算表　　　　　　　　　　　表 2-64

序号	项目编码	项目名称	项目特征描述	计量单位	工程量
1	050201006001	桥基础	混凝土	m³	5.76
2	050201007001	石桥墩、石桥台	青白石	m³	6.75
3	050201014001	木制步桥	天然木材	m²	9.90
4	040406002001	混凝土底板	现浇钢筋混凝土	m³	2.88

【例33】　如图 2-30 所示，某桥桥墩基础示意图，该桥墩高为 3.8m，桥墩数量为 6 个。试求其工程量。

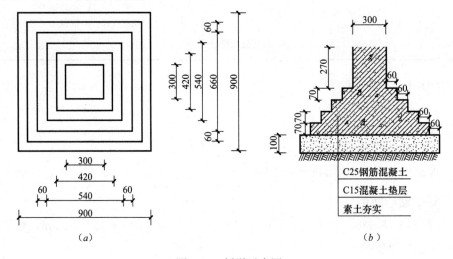

图 2-30　桥墩示意图

（a）平面图；（b）剖面图

【解】　(1) 2013 清单与 2008 清单对照（表 2-65）

2013 清单与 2008 清单对照表　　　　　　表 2-65

清单	项目编码	项目名称	项目特征	计算单位	工程量计算规则	工作内容
2013清单	010501003	独立基础	1. 混凝土种类 2. 混凝土强度等级	m^3	按设计图示尺寸以体积计算。不扣除伸入承台基础的桩头所占体积	1. 模板及支撑制作、安装、拆除、堆放、运输及清理模内杂物、刷隔离剂等 2. 混凝土制作、运输、浇筑、振捣、养护
2008清单	010401002	独立基础	1. 混凝土强度等级 2. 混凝土拌和料要求 3. 砂浆强度等级	m^3	按设计图示尺寸以体积计算。不扣除构件内钢筋、预埋铁件和伸入承台基础的桩头所占体积	1. 混凝土制作、运输、浇筑、振捣、养护 2. 地脚螺栓二次灌浆

(2) 清单工程量

项目编码：010501003；

项目名称：混凝土基础；

混凝土桥墩基础工程量：

$$V = [(0.9 - 0.06 \times 2)^2 \times 0.07 + (0.9 - 0.06 \times 4)^2 \times 0.07$$
$$+ (0.9 - 0.06 \times 6)^2 \times 0.07 + (0.3 + 0.06 \times 2)^2$$
$$\times 0.07 + 0.3^2 \times 0.27] \times 6$$
$$= (0.043 + 0.030 + 0.020 + 0.012 + 0.024) \times 6$$
$$= 0.129 \times 6 = 0.77 m^3$$

 贴心助手

混凝土大放脚分四层，第一层边长为 $(0.9 - 0.12)$m，第二层边长为 $(0.9 - 0.24)$m，第三层为 $(0.9 - 0.36)$m，第四层为 $(0.3 + 0.12)$m，大放脚高度均为 0.07m。则各层体积可求。大放脚上柱体的截面积为 (0.3×0.3) m^2，高度为 0.27m，柱体体积可求。桥墩体积为两部分之和。

(3) 清单工程量计算表（表 2-66）

清单工程量计算表　　　　　　表 2-66

项目编码	项目名称	项目特征描述	计量单位	工程量
010501003001	独立基础	混凝土桥墩基础	m^3	0.77

【例 34】　某一石拱桥，桥拱半径为 1m，拱券层用料为花岗石，厚 0.125m，花岗石后为青白石金刚墙砌筑，每块厚 0.2m，桥高 6.5m，长 18m，宽 5.5m，

桥底为 60mm 厚清水碎石垫层，拱桥两侧装有青白石旋脸（长 0.5m，宽 0.3m，厚 0.15m）共 22 个，试求工程量（图 2-31）。

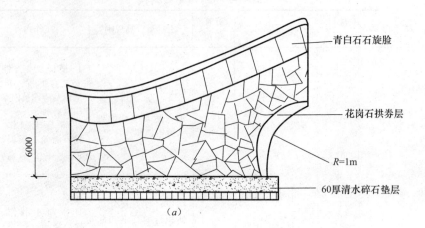

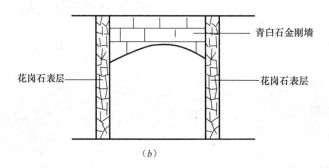

图 2-31 石拱桥断、立面图

(a) 石拱桥立面图；(b) 石拱桥断面图

说明：拱旋石层的厚度为桥拱半径的 1/12～1/6。

【解】 （1）2013 清单与 2008 清单对照（表 2-67）

2013 清单与 2008 清单对照表 表 2-67

序号	清单	项目编码	项目名称	项目特征	计算单位	工程量计算规则	工作内容
1	2013清单	050201008	拱券石	1. 石料种类、规格 2. 券脸雕刻要求 3. 勾缝要求 4. 砂浆强度等级、配合比	m³	按设计图示尺寸以体积计算	1. 石料加工 2. 起重架搭、拆 3. 墩、台、券石、券脸砌筑 4. 勾缝
	2008清单	050201007	拱旋石制作、安装	1. 石料种类、规格 2. 旋脸雕刻要求 3. 勾缝要求 4. 砂浆强度等级、配合比	m³	按设计图示尺寸以体积计算	1. 石料加工 2. 起重架搭、拆 3. 墩、台、旋石、旋脸砌筑 4. 勾缝

续表

序号	清单	项目编码	项目名称	项目特征	计算单位	工程量计算规则	工作内容
2	2013清单	050201009	石券脸	1. 石料种类、规格 2. 券脸雕刻要求 3. 勾缝要求 4. 砂浆强度等级、配合比	m²	按设计图示尺寸以面积计算	1. 石料加工 2. 起重架搭、拆 3. 墩、台、券石、券脸砌筑 4. 勾缝
	2008清单	050201008	石旋脸制作、安装	1. 石料种类、规格 2. 旋脸雕刻要求 3. 勾缝要求 4. 砂浆强度等级、配合比	m²	按设计图示尺寸以面积计算	1. 石料加工 2. 起重架搭、拆 3. 墩、台、旋石、旋脸砌筑 4. 勾缝
3	2013清单	050201010	金刚墙砌筑	1. 石料种类、规格 2. 券脸雕刻要求 3. 勾缝要求 4. 砂浆强度等级、配合比	m³	按设计图示尺寸以体积计算	1. 石料加工 2. 起重架搭、拆 3. 砌石 4. 填土夯实
	2008清单	050201009	金刚墙砌筑	1. 石料种类、规格 2. 旋脸雕刻要求 3. 勾缝要求 4. 砂浆强度等级、配合比	m³	按设计图示尺寸以体积计算	1. 石料加工 2. 起重架搭、拆 3. 砌石 4. 填土夯实

（2）清单工程量

1）拱旋石体积：

花岗石拱旋层体积：$V_总 = V_1 - V_2$

$$V_1 = \frac{1}{2}S \times 高$$
$$= 12\pi r^2 \times 高$$
$$= \frac{1}{2} \times 3.14 \times (1+0.125)^2 \times 5.5$$
$$= 10.929\text{m}^3$$

$$V_2 = \frac{1}{2}S \times 高$$
$$= \frac{1}{2}\pi r^2 \times 高$$
$$= \frac{1}{2} \times 3.14 \times 1^2 \times 5.5$$
$$= 8.635\text{m}^3$$

$$V_总 = V_1 - V_2$$
$$= 10.929 - 8.635$$
$$= 2.294\text{m}^3$$

贴心助手

计算拱旋石体积时，可把桥拱看成是一大一小两个半圆柱体，用大圆柱体减去小圆柱体再除以 2，即可得到所求拱旋石体积。

2）石旋脸面积：

1 个石旋脸面积：

$$S = 长 \times 宽 = 0.5 \times 0.3 = 0.15 \text{m}^2$$

石旋脸总面积：

$$S_总 = 22S = 22 \times 0.15 = 3.3 \text{m}^2$$

3）金刚墙体积：

$$V_总 = 2(V_1' + V_2') - V_3$$
$$V_1' = 长 \times 宽 \times 高$$
$$= 9 \times 6 \times 5.5$$
$$= 297 \text{m}^2$$
$$V_2' = \frac{1}{2} S \times 高$$
$$= \frac{1}{2} \times 0.5 \times 5.5 \times 9$$
$$= 12.375 \text{m}^3$$
$$V_3 = \frac{1}{2} \pi r^2 \times 高$$
$$= \frac{1}{2} \times 3.14 \times (1 + 0.125)^2 \times 5.5$$
$$= 10.929 \text{m}^3$$
$$V_总 = 2(V_1' + V_2') - V_3$$
$$= 2 \times (297 + 12.375) - 10.929$$
$$= 607.82 \text{m}^3$$

 贴心助手

计算金刚墙砌筑体积时，可把圆形拱桥先分解为各个规则的图形，再分步计算，最后把计算结果相加即可，但要减去半圆形拱洞的面积。

（3）清单工程量计算表（表 2-68）

清单工程量计算表　　　　　　　　表 2-68

序号	项目编码	项目名称	项目特征描述	计量单位	工程量
1	050201008001	拱旋石	花岗石拱券层，厚 0.125m	m³	2.29
2	050201009001	石旋脸	青白石石旋脸长 0.5m，宽 0.3m，厚 0.15m	m²	3.30
3	050201010001	金刚墙砌筑	青白石金刚墙，每块厚 0.2m	m³	607.82

【**例 35**】　有一平桥，桥身长 100m，宽 25m，桥面为青白石石板铺装，石板厚 0.1m，石板下做防水层，采用 1mm 厚沥青和石棉沥青各一层作底，试求工程量（图 2-32）。

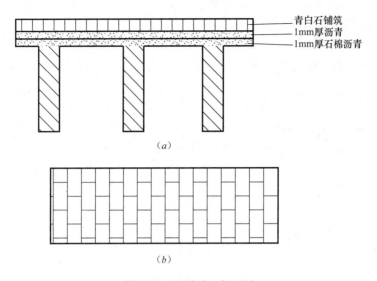

图 2-32　平桥平、断面图

(*a*) 平桥断面图；(*b*) 平桥平面图

【**解**】　(1) 2013 清单与 2008 清单对照（表 2-69）

2013 清单与 2008 清单对照表　　　　　表 2-69

清单	项目编码	项目名称	项目特征	计算单位	工程量计算规则	工作内容
2013 清单	050201011	石桥面铺筑	1. 石料种类、规格 2. 找平层厚度、材料种类 3. 勾缝要求 4. 混凝土强度等级 5. 砂浆强度等级	m²	按设计图示尺寸以面积计算	1. 石材加工 2. 抹找平层 3. 起重架搭、拆 4. 桥面、桥面踏步铺设 5. 勾缝
2008 清单	050201010	石桥面铺筑	1. 石料种类、规格 2. 找平层厚度、材料种类 3. 勾缝要求 4. 混凝土强度等级 5. 砂浆强度等级	m²	按设计图示尺寸以面积计算	1. 石材加工 2. 抹找平层 3. 起重架搭、拆 4. 桥面、桥面踏步铺设 5. 勾缝

(2) 清单工程量

铺筑面积：

$$S = 长 \times 宽 = 100 \times 25 = 2500 m^2$$

（3）清单工程量计算表（表2-70）

清单工程量计算表   表 2-70

项目编码	项目名称	项目特征描述	计量单位	工程量
050201011001	石桥面铺筑	青白石石板铺装，石板厚0.1m	m²	2500.00

【例36】 某桥在檐口处钉制花岗石檐板，用银锭安装，共用50个银锭，起到封闭作用。檐板每块宽0.3m，厚5.5cm，桥宽20m，桥长80m，试求工程量（图2-33）。

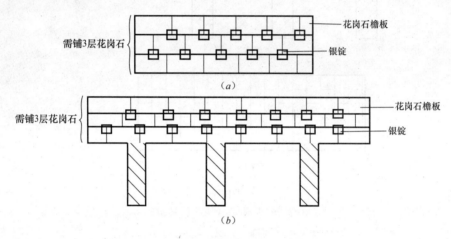

图 2-33 桥正、侧立面图
(a) 桥侧立面图；(b) 桥正立面图

【解】 （1）2013清单与2008清单对照（表2-71）

2013清单与2008清单对照表   表 2-71

清单	项目编码	项目名称	项目特征	计算单位	工程量计算规则	工作内容
2013清单	050201012	石桥面檐板	1. 石料种类、规格 2. 勾缝要求 3. 砂浆强度等级、配合比	m²	按设计图示尺寸以面积计算	1. 石材加工 2. 檐板铺设 3. 铁锔、银锭安装 4. 勾缝
2008清单	050201010	石桥面铺筑	1. 石料种类、规格 2. 勾缝要求 3. 砂浆强度等级、配合比	m²	按设计图示尺寸以面积计算	1. 石材加工 2. 檐板、仰天石、地伏石铺设 3. 铁锔、银锭安装 4. 勾缝

（2）清单工程量

花岗石檐板表面积

$$S = 2S_1 + 2S_2$$

$$S_1 = 长 × 宽 × 数量 = 20 × 0.3 × 3 = 18m^2$$

$$S_2 = 长 \times 宽 \times 数量 = 80 \times 0.3 \times 3 = 72m^2$$
$$S = 2S_1 + 2S_2 = 2 \times 18 + 2 \times 72 = 180m^2$$

 贴心助手

计算檐板面积时，要 4 个面全计算，最后结果相加。

（3）清单工程量计算表（表 2-72）

清单工程量计算表　　　　　　　　　　　　　　表 2-72

项目编码	项目名称	项目特征描述	计量单位	工程量
050201011002	石桥面檐板	花岗石檐板，每块宽 0.3m，厚 5.5cm，桥宽 20m，桥长 80m	m²	180.00

【例 37】　有一木制步桥，桥宽 3m，长 15m，木梁宽 20cm，桥板面厚 4cm，桥边缘装有直挡栏杆，每根长 0.3m，宽 0.2m，桥身构件喷有防护漆。木柱基础为圆形，半径为 20cm，坑底深 0.5m，桩孔半径为 15cm。木桩长 2m，共 8 根，各木制构件用铁螺旋安装连接，试求工程量（图 2-34）。

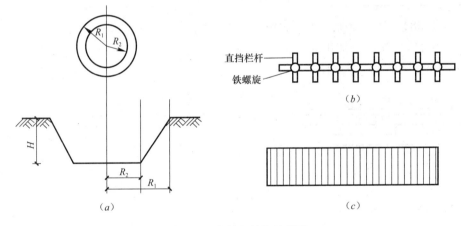

图 2-34　木桥各结构示意图

（a）木柱基础图；（b）木桥栏杆立面图；（c）木桥板平面图

【解】　（1）2013 清单与 2008 清单对照（表 2-73）

2013 清单与 2008 清单对照表　　　　　　　　　　表 2-73

清单	项目编码	项目名称	项目特征	计算单位	工程量计算规则	工作内容
2013 清单	050201014	木制步桥	1. 桥宽度 2. 桥长度 3. 木材种类 4. 各部位截面长度 5. 防护材料种类	m²	按桥面板设计图示尺寸以面积计算	1. 木桩加工 2. 打木桩基础 3. 木梁、木桥板、木桥栏杆、木扶手制作、安装 4. 连接铁件、螺栓安装 5. 刷防护材料

续表

清单	项目编码	项目名称	项目特征	计算单位	工程量计算规则	工作内容
2008清单	050201016	木制步桥	1. 桥宽度 2. 桥长度 3. 木材种类 4. 各部件截面长度 5. 防护材料种类	m²	按设计图示尺寸以桥面板长乘桥面板宽以面积计算	1. 木桩加工 2. 打木桩基础 3. 木梁、木桥板、木桥栏杆、木扶手制作、安装 4. 连接铁件、螺栓安装 5. 刷防护材料

（2）清单工程量

木制步桥桥板面积：

$$S = 长 \times 宽 = 3 \times 15 = 45m^2$$

（3）清单工程量计算表（表2-74）

清单工程量计算表 表 2-74

项目编码	项目名称	项目特征描述	计量单位	工程量
050201014001	木制步桥	桥宽3m，长15m，木梁宽20cm，桥板面厚4cm，直挡栏杆每根长0.3m，宽0.2m，桥身构件喷有防护漆	m²	45.00

【例38】 某平面桥桥面两边铺有青白石加工而成的仰天石，每块长1.6m，栏杆下面装有青白石加工而成的地伏石，每块长0.5m，桥身下有石望柱支撑。柱高1m，试求工程量（图2-35）。

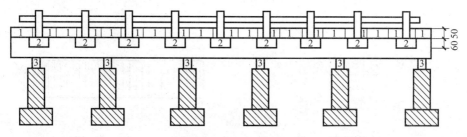

图 2-35 某平面桥平面图（单位：mm）

1—仰天石；2—地伏石；3—石望柱

【解】 （1）2013清单与2008清单对照（表2-75）

2013清单与2008清单对照表 表 2-75

序号	清单	项目编码	项目名称	项目特征	计算单位	工程量计算规则	工作内容
1	2013清单	020201006	地伏石	1. 粘结层材料种类、厚度、砂浆强度等级 2. 石料种类、构件规格 3. 石表面加工要求及等级 4. 保护层材料种类	m²	按设计图示尺寸以水平投影面积计算	1. 基层清理 2. 石构件制作 3. 材料运输、安装、校正、修正缝口、固定 4. 刷防护材料

序号	清单	项目编码	项目名称	项目特征	计算单位	工程量计算规则	工作内容
1	2008清单	050201012	仰天石、地伏石	1. 石料种类、规格 2. 勾缝要求 3. 砂浆强度等级、配合比	m/m³	按设计图示尺寸以长度或体积计算	1. 石材加工 2. 檐板、仰天石、地伏石铺设 3. 铁锔、银锭安装 4. 勾缝
2	2013清单	020202002	石望柱	1. 石料种类、构件规格 2. 石表面加工要求及等级 3. 柱身雕刻种类、形式 4. 柱头雕饰种类、形式 5. 勾缝要求 6. 砂浆强度等级	1. m³ 2. 根	1. 以立方米计量，按设计图示尺寸以体积计算 2. 以根计量，按设计图示尺寸以数量计算	1. 选料、放样、开料 2. 石构件制作 3. 石构件雕刻 4. 吊装 5. 运输 6. 铺砂浆 7. 安装、校正、修正缝口、固定
	2008清单	050201013	石望柱	1. 石料种类、规格 2. 柱高、截面 3. 柱身雕刻要求 4. 柱头雕刻要求 5. 勾缝要求 6. 砂浆配合比	根	按设计图示数量计算	1. 石料加工 2. 柱身、柱头雕刻 3. 望柱安装 4. 勾缝

✹解题思路及技巧

计算仰天石和地伏石的面积时，先计算出桥一侧的面积，再乘以2，才是整座桥上仰天石和地伏石的面积。

（2）清单工程量

1）仰天石长，19块：

$$L = 1.6 \times 19 \times 2 = 60.8\text{m}$$

$$则 \quad S = 长 \times 宽$$

$$= 60.8 \times 0.05 = 3.04\text{m}^2$$

2）地伏石长，9块：

$$L = 0.5 \times 9 \times 2 = 9\text{m}$$

$$S = 9 \times 0.06 = 0.54\text{m}^2$$

3）石望柱：

工程量计算规则：按设计图示尺寸按数量计算；

石望柱工程量＝6根。

（3）清单工程量计算表（表2-76）

清单工程量计算表　　　　　　　　　　表2-76

序号	项目编码	项目名称	项目特征描述	计量单位	工程量
1	020201006001	仰天石	青白石仰天石，每块长1.6m	m²	3.04
2	020201006002	地伏石	青白石地伏石，每块长0.5m	m²	0.54
3	020202002001	石望柱	柱高1m	根	6

2.2 驳岸、护岸

【例39】 小游园内有一土堆筑假山，山丘水平投影外接矩形长 8m，宽 5m，假山高 6m，在陡坡外用块石作护坡，每块块石重 0.3t。试求工程量（图 2-36）。

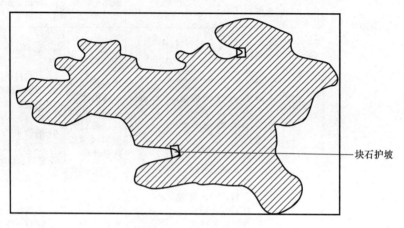

————块石护坡

图 2-36 假山水平投影图

【解】 （1）2013 清单与 2008 清单对照（表 2-77）

2013 清单与 2008 清单对照表　　　　表 2-77

序号	清单	项目编码	项目名称	项目特征	计算单位	工程量计算规则	工作内容
1	2013清单	050301001	堆筑土山丘	1. 土丘高度 2. 土丘坡度要求 3. 土丘底外接矩形面积	m³	按设计图示山丘水平投影外接矩形面积乘以高度的 1/3 以体积计算	1. 取土、运土 2. 堆砌、夯实 3. 修整
	2008清单	050202001	堆筑土山丘	1. 土丘试高度 2. 土丘坡度要求 3. 土丘底外接矩形面积	m³	按设计图示山丘水平投影外接矩形面积乘以高度的 1/3 以体积计算	1. 取土 2. 运土 3. 堆砌、夯实 4. 修整
2	2013清单	050202001	石（卵石）砌驳岸	1. 石料种类、规格 2. 驳岸截面、长度 3. 勾缝要求 4. 砂浆强度等级、配合比	1. m³ 2. t	1. 以立方米计量，按设计图示尺寸以体积计算 2. 以吨计量，按质量计算	1. 石料加工 2. 砌石（卵石） 3. 勾缝
	2008清单	050203001	石砌驳岸	1. 石料种类、规格 2. 驳岸截面、长度 3. 勾缝要求 4. 砂浆强度等级、配合比	m³	按设计图示尺寸以体积计算	1. 石料加工 2. 砌石 3. 勾缝

（2）清单工程量

1）不作护坡：

$$W = 每块重量 \times 块数 = 2 \times 0.3 = 0.6t$$

2）土山丘体积：

$$V_堆 = 长 \times 宽 \times 高 \times \frac{1}{3} = 8 \times 6 \times 5 \times \frac{1}{3} = 80m^3$$

（3）清单工程量计算表（表2-78）

清单工程量计算表　　　　　　　　　　　　　表2-78

序号	项目编码	项目名称	项目特征描述	计量单位	工程量
1	050301001001	堆筑土山丘	土丘外接矩形面积为40m²，假山高6m，块石护坡	m³	80.00
2	050202001001	石（卵石）砌驳岸	陡坡外用块石作护坡	t	0.6

堆筑的人工土山一般不需要基础，山体直接在地面上堆砌即可。在陡坎、陡坡处，可用块石作护坡挡土墙，但不用自然山石在山上造景。

第3章 园林景观工程

3.1 堆塑假山

【例1】 某园林假山工程量清单（图 3-1～图 3-3）。

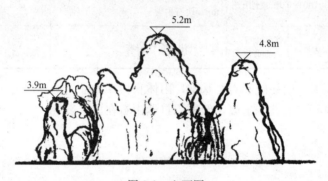

图 3-1 立面图

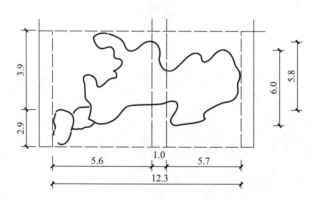

图 3-2 平面图（单位：m）

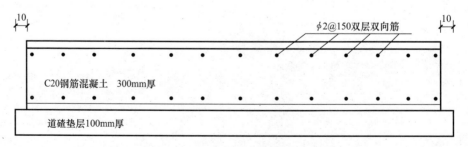

图 3-3 太湖石假山基础图（单位：cm）

【**解**】（1）2013 清单与 2008 清单对照（表 3-1）

2013 清单与 2008 清单对照表　　　　　　　　　　　　表 3-1

序号	清单	项目编码	项目名称	项目特征	计算单位	工程量计算规则	工作内容
1	2013清单	010101001	平整场地	1. 土壤类别 2. 弃土运距 3. 取土运距	m²	按设计图示尺寸以建筑物首层建筑面积计算	1. 土方挖填 2. 场地找平 3. 运输
	2008清单	010101001	平整场地	1. 土壤类别 2. 弃土运距 3. 取土运距	m²	按设计图示尺寸以建筑物首层面积计算	1. 土方挖填 2. 场地找平 3. 运输
2	2013清单	010101004	挖基坑土方	1. 土壤类别 2. 挖土深度 3. 弃土运距	m³	按设计图示尺寸以基础垫层底面积乘以挖土深度计算	1. 排地表水 2. 土方开挖 3. 围护（挡土板）及拆除 4. 基底钎探 5. 运输
	2008清单	010101003	挖基础土方	1. 土壤类别 2. 基础类别 3. 垫层底宽、底面积 4. 挖土深度 5. 弃土运距	m³	按设计图示尺寸以基础垫层底面积乘以挖土深度计算	1. 排地表水 2. 土方开挖 3. 挡土板支拆 4. 截桩头 5. 基底钎探 6. 运输
3	2013清单	010404001	垫层	垫层材料种类、配合比、厚度	m³	按设计图示尺寸以立方米计算	1. 垫层材料的拌制 2. 垫层铺设 3. 材料运输
	2008清单	2008 清单中无此项内容，2013 清单中此项为新增加内容					
4	2013清单	010501001	垫层	1. 混凝土种类 2. 混凝土强度等级	m³	按设计图示尺寸以体积计算。不扣除伸入承台基础的桩头所占体积	1. 模板及支撑制作、安装、拆除、堆放、运输及清理模内杂物、刷隔离剂等 2. 混凝土制作、运输、浇筑、振捣、养护
	2008清单	010401006	垫层	1. 混凝土强度等级 2. 混凝土拌和料要求 3. 砂浆强度等级	m³	按设计图示尺寸以体积计算。不扣除构件内钢筋、预埋铁件和伸入承台基础的桩头所占体积	1. 混凝土制作、运输、浇筑、振捣、养护 2. 地脚螺栓二次灌浆

续表

序号	清单	项目编码	项目名称	项目特征	计算单位	工程量计算规则	工作内容
5	2013清单	011702001	基础	基础类型	m^2	按模板与现浇混凝土构件的接触面积计算 1. 现浇钢筋混凝土墙、板单孔面积≤0.3m^2的孔洞不予扣除，洞侧壁模板亦不增加；单孔面积>0.3m^2时应予扣除，洞侧壁模板面积并入墙、板工程量内计算 2. 现浇框架分别按梁、板、柱有关规定计算；附墙柱、暗梁、暗柱并入墙内工程量内计算 3. 柱、梁、墙、板相互连接的重叠部分，均不计算模板面积 4. 构造柱按图示外露部分计算模板面积	1. 模板制作 2. 模板安装、拆除、整理堆放及场内外运输 3. 清理模板粘结物及模内杂物、刷隔离剂等
	2008清单	2008清单中无此项内容，2013清单中此项为新增加内容					
6	2013清单	010515001	现浇构件钢筋	钢筋种类、规格	t	按设计图示钢筋（网）长度（面积）乘单位理论质量计算	1. 钢筋制作、运输 2. 钢筋安装 3. 焊接（绑扎）
	2008清单	010416001	现浇混凝土钢筋	钢筋种类、规格	t	按设计图示钢筋（网）长度（面积）乘单位理论质量计算	1. 钢筋（网、笼）制作、运输 2. 钢筋（网、笼）安装
7	2013清单	050301002	堆砌石假山	1. 堆砌高度 2. 石料种类、单块重量 3. 混凝土强度等级 4. 砂浆强度等级、配合比	t	按设计图示尺寸以质量计算	1. 选料 2. 起重机搭、拆 3. 堆砌、修整
	2008清单	050202002	堆砌石假山	1. 堆砌高度 2. 石料种类、单块重量 3. 混凝土强度等级 4. 砂浆强度等级、配合比	t	按设计图示尺寸以质量计算	1. 选料 2. 起重架搭、拆 3. 堆砌、修整

（2）清单工程量

1）平整场地

依据"工程量计算规则"

宽度　　　　　　　　　　　　　6.8m

长度　　　　　　　　　　　　　12.3m

$$S = 6.8 \times 12.3 = 83.64 \text{m}^2$$

 贴心助手

长度为 12.3m，宽度为 6.8m。

2）人工挖土

挖土平均宽度　　　　　$6.8 + 0.1 \times 2 = 7\text{m}$

挖土平均长度　　　　　$12.3 + 0.1 \times 2 = 12.5\text{m}$

挖土深度　　　　　　　$0.3 + 0.1 = 0.4\text{m}$

$$V = 7 \times 12.5 \times 0.4 = 35.00 \text{m}^3$$

3）道碴垫层（100 厚）

$$S = 7 \times 12.5 = 87.50 \text{m}^2$$

$$H = 0.1\text{m}$$

$$V = 87.50 \times 0.1 = 8.75 \text{m}^3$$

4）C20 钢筋混凝土垫层（300 厚）

$$\text{长} = 12.30 + (0.1 \times 2) = 12.50\text{m}$$

$$\text{宽} = 6.8 + (0.1 \times 2) = 7.00\text{m}$$

$$V = 12.5 \times 7 \times 0.3 = 26.25 \text{m}^3$$

5）钢筋混凝土模板

$$S = \text{模板接触面长} \times \text{宽}$$

$$= 6.8 \times 12.3$$

$$= 83.64 \text{m}^2$$

6）钢混凝土钢筋

$$T = V \times \text{钢筋系数}$$

$$= 26.25 \times 0.079$$

$$= 2.074\text{t}$$

7）假山堆砌

① 5.2m 处

$$W = \text{长} \times \text{宽} \times \text{高} \times \text{高度系数} \times \text{太湖石容重}$$

$$= 5.8 \times 1.0 \times 5.2 \times 0.55 \times 1.8$$

$$= 29.858\text{t}$$

② 4.8m 处

$$W = \text{长} \times \text{宽} \times \text{高} \times \text{高度系数} \times \text{太湖石容重}$$

$$= 6.0 \times 5.7 \times 4.8 \times 0.55 \times 1.8$$

$$= 162.518\text{t}$$

③ 3.9m 处

$$W = 长 \times 宽 \times 高 \times 高度系数 \times 太湖石容重$$
$$= 6.8(最大距形边) \times 5.6 \times 3.9 \times 0.55 \times 1.8$$
$$= 147.027t$$

④ 1.0m 以下散驳石堆砌

$$W_1 = 累计长度 \times 平均宽度 \times 平均高度 \times 太湖石容重$$
$$W_2 = 累计长度 \times 最大宽度 \times 最大高度 \times 高度系数$$

累计长度   A 块 1.0m

              B 块 0.9m

              C 块 0.5m   1.0+0.9+0.5=2.40m

宽度   A 块 0.7m

              B 块 0.5m

              C 块 0.35m

高度   A 块 0.70m

              B 块 0.45m

              C 块 0.20m

$$W_1 = 2.4 \times 0.52 \times 0.45 \times 1.8 = 1.01t$$
$$W_2 = 2.4 \times 0.7 \times 0.7 \times 0.77 \times 1.8 = 1.63t$$

太湖石总用量：29.858+162.518+147.027+1.63=341.033t

(3) 清单工程量计算表（表 3-2）

清单工程量计算表   表 3-2

序号	项目编码	项目名称	项目特征描述	计量单位	工程量
1	010101001001	平整场地	三类土	m²	83.64
2	010101004001	挖基坑土方	人工挖土，挖土深 0.4m	m³	35.00
3	010404001001	垫层	道砟垫层	m³	8.75
4	010501001001	垫层	C20 钢混凝土垫层	m³	26.25
5	011702001001	基础	钢混凝土模板	m²	83.64
6	010515001001	现浇构件钢筋	钢筋混凝土钢筋	t	2.074
7	050301002001	堆砌石假山	5.2m 处	t	29.858
8	050301002002	堆砌石假山	4.8m 处	t	162.518
9	050301002003	堆砌石假山	3.9m 处	t	147.027
10	050301002004	堆砌石假山	1.0m 处	t	1.630

【例 2】 公园内有一堆砌石假山，山石材料为黄石，山高 3.5m，假山平面轮廓的水平投影外接矩形长 8m，宽 4.5m，投影面积为 28m²。假山下为混凝土基础，40mm 厚砂石垫层，110mm 厚 C10 混凝土，1:3 水泥砂浆砌山石。石间空隙处填土配制有小灌木，试求工程量（图 3-4）。

$$W = AHRK_n$$

式中 W——石料质量（t）；

       A——假山平面轮廓的水平投影面积（m²）；

H——假山着地点至最高顶点的垂直距离（m）；

R——石料比重：黄（杂）石 2.6t/m³、湖石 2.2t/m³；

K_n——折算系数；高度在 2m 以内 $K_n＝0.65$，高度在 4m 以内 $K_n＝0.56$。

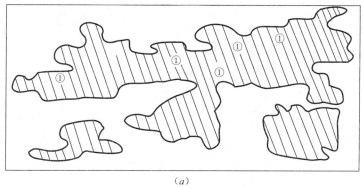

（a）

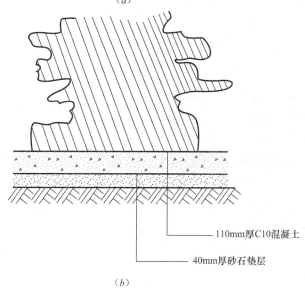

110mm厚C10混凝土

40mm厚砂石垫层

（b）

图 3-4　假山水平投影图、剖面图

（a）假山水平投影；（b）假山剖面图

①—贴梗海棠

【解】　（1）2013 清单与 2008 清单对照（表 3-3）

2013 清单与 2008 清单对照表　　　　　　　　　表 3-3

序号	清单	项目编码	项目名称	项目特征	计量单位	工程量计算规则	工作内容
1	2013 清单	050301002	堆砌石假山	1. 堆砌高度 2. 石料种类、单块重量 3. 混凝土强度等级 4. 砂浆强度等级、配合比	t	按设计图示尺寸以质量计算	1. 选料 2. 起重机搭、拆 3. 堆砌、修整

续表

序号	清单	项目编码	项目名称	项目特征	计算单位	工程量计算规则	工作内容
1	2008清单	050202002	堆砌石假山	1. 堆砌高度 2. 石料种类、单块重量 3. 混凝土强度等级 4. 砂浆强度等级、配合比	t	按设计图示尺寸以质量计算	1. 选料 2. 起重架搭、拆 3. 堆砌、修整
2	2013清单	050102002	栽植灌木	1. 种类 2. 根盘直径 3. 冠丛高 4. 蓬径 5. 起挖方式 6. 养护期	1. 株 2. m²	1. 以株计量，按设计图示数量计算 2. 以平方米计量，按设计图示尺寸以绿化水平投影面积计算	1. 起挖 2. 运输 3. 栽植 4. 养护
	2008清单	050102004	栽植灌木	1. 灌木种类 2. 冠丛高 3. 养护期	株	按设计图示数量计算	1. 起挖 2. 运输 3. 栽植 4. 支撑 5. 草绳绕树干 6. 养护

✤解题思路及技巧

堆砌石假山时，石山造价较高，堆山规模若是比较大，则工程费用十分可观。因此，石假山一般规模都比较小，主要用在庭院、水池等空间比较闭合的环境中，或者在公园一角作为瀑布、滴泉的山体应用。一般较大型开放的供人们休息娱乐的大型广场中不设置石假山。按清单规范堆砌假山工程量按设计图示尺寸以质量计算。

（2）清单工程量

1）石假山质量：

$$W = AHRK_n$$
$$= 28 \times 3.5 \times 2.6 \times 0.56 = 142.688t$$

2）贴梗海棠：6株（按设计图示以数量计算）。

（3）清单工程量计算表（表3-4）

清单工程量计算表　　　　　　　　　　表3-4

序号	项目编码	项目名称	项目特征描述	计量单位	工程量
1	050301002001	堆砌石假山	山石材料为黄石，山高3.5m	t	142.688
2	050102002001	栽植灌木	贴梗海棠	株	6

3.2　原木、竹构件

【例3】　某景区有一座六角亭，如图3-5所示，六角亭边长为4m，其屋面坡顶交汇成一个尖顶，于六个角处有6根梢径为18cm的木柱子，亭屋面板为就位预制混凝土攒尖亭屋面板，板厚 16mm，采用灯笼锦纹样的树枝吊挂楣子装饰亭子，试求工程量。

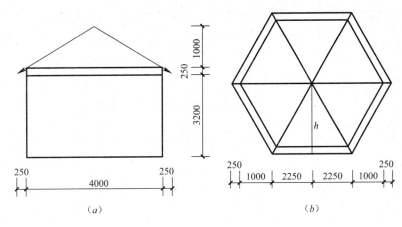

图 3-5　六角亭构造示意图

(a) 立面图；(b) 平面图

【解】　(1) 2013 清单与 2008 清单对照（表 3-5）

表 3-5

2013 清单与 2008 清单对照表

序号	清单	项目编码	项目名称	项目特征	计算单位	工程量计算规则	工作内容
1	2013 清单	050302001	原木（带树皮）柱、梁、檩、椽	1. 原木种类 2. 原木直（梢）径（不含树皮厚度） 3. 墙龙骨材料种类、规格 4. 墙底层材料种类、规格 5. 构件联结方式 6. 防护材料种类	m	按设计图示尺寸以长度计算（包括榫长）	1. 构件制作 2. 构件安装 3. 刷防护材料
	2008 清单	050301001	原木（带树皮）柱、梁、檩、椽	1. 原木种类 2. 原木梢径（不含树皮厚度） 3. 墙龙骨材料种类、规格 4. 墙底层材料种类、规格 5. 构件联结方式 6. 防护材料种类	m	按设计图示尺寸以长度计算（包括榫长）	1. 构件制作 2. 构件安装 3. 刷防护材料
2	2013 清单	050302003	树枝吊挂楣子	1. 原木种类 2. 原木直（梢）径（不含树皮厚度） 3. 墙龙骨材料种类、规格 4. 墙底层材料种类、规格 5. 构件联结方式 6. 防护材料种类	m²	按设计图示尺寸以框外围面积计算	1. 构件制作 2. 构件安装 3. 刷防护材料

续表

序号	清单	项目编码	项目名称	项目特征	计算单位	工程量计算规则	工作内容
2	2008 清单	050301003	树枝吊挂楣子	1. 原木种类 2. 原木梢径（不含树皮厚度） 3. 墙龙骨材料种类、规格 4. 墙底层材料种类、规格 5. 构件联结方式 6. 防护材料种类	m²	按设计图示尺寸以框外围面积计算	1. 构件制作 2. 构件安装 3. 刷防护材料
3	2013 清单	050303005	预制混凝土穹顶	1. 穹顶弧长、直径 2. 肋截面尺寸 3. 板厚 4. 混凝土强度等级 5. 拉杆材质、规格	m³	按设计图示尺寸以体积计算。混凝土脊和穹顶的肋、基梁并入屋面体积	1. 模板制作、运输、安装、拆除、保养 2. 混凝土制作、运输、浇筑、振捣、养护 3. 构件运输、安装 4. 砂浆制作、运输 5. 接头灌缝、养护
	2008 清单	050302007	就位预制混凝土穹顶	1. 亭屋面坡度 2. 穹顶弧长、直径 3. 肋截面尺寸 4. 板厚 5. 混凝土强度等级 6. 砂浆强度等级 7. 拉杆材质、规格	m³	按设计图示尺寸以体积计算。混凝土脊和穹顶的肋、基梁并入屋面体积内	1. 混凝土制作、运输、浇筑、振捣、养护 2. 预埋铁件、拉杆安装 3. 构件出槽、养护、安装 4. 接头灌缝

❋**解题思路及技巧**

1）六角亭亭屋面板采用就位预制混凝土攒尖亭屋面板，板厚 16mm，计算其工程量时要考虑到六角亭的立体效果，不能简单地直接按六角形来计算，因六角亭 6 个面大小都相等，可以先算一个面的再乘以 6。

2）对于木构件一般都要涂抹防护材料，以防止其变腐，延长使用寿命，也可以美化景观。

（2）清单工程量

1）项目编码：050302001；

项目名称：原木（带树皮）柱、梁、檩、椽；

工程量计算规则：按设计图示尺寸以长度计算（包括榫长）。

本题六角亭有 6 根长度为 3.2m 的木柱子。

$$工程量 = 3.2 \times 6 = 19.2m$$

贴心助手

3.2 为柱子长度，6 为根数。

2）项目编码：050302003；

项目名称：树枝吊挂楣子；

工程量计算规则：按设计图示尺寸以框外围面积计算。

$$檐枋之下树枝吊挂楣子工程量 = 4 \times 0.25 \times 6 = 6.00m^2$$

 贴心助手

4 为吊挂楣子长度，0.25 为吊挂楣子厚度，共 6 根。

3）项目编码：050303005；

项目名称：预制混凝土攒尖亭屋面板；

工程量计算规则：按设计图示尺寸以体积计算。混凝土脊和穹顶的肋、基梁并入屋面体积内。

该六角亭亭屋面板为就位预制混凝土攒尖亭屋面板，厚 16mm。

则　面板所用工程量 = 六角亭一面的预制混凝土亭屋面板体积 × 6

首先利用三角形勾股定理：$a^2 + b^2 = c^2$，计算出图 3-5 中 h 的高度。

$$h = \sqrt{4.5^2 - 2.25^2} = 3.8971m$$

$$所以面板的工程量 = 4.5 \times 3.8971 \times \frac{1}{2} \times 0.016 \times 6$$

$$= 0.1403 \times 6 = 0.84m^3$$

 贴心助手

亭子面板分 6 个正三角形。三角形长为 4.5m，高为 3.8971m，则亭子面积可知。亭子板厚为 0.016m，亭子的工程量为面积 × 厚度。

（3）清单工程量计算表（表 3-6）

清单工程量计算表　　　　　　　　　　　　　　　　　　表 3-6

序号	项目编码	项目名称	项目特征描述	计量单位	工程量
1	050302001001	原木（带树皮）柱、梁、檩、椽	梢径为 18cm	m	19.20
2	050302003001	树枝吊挂楣子	灯笼锦纹样的，树枝吊挂楣子	m²	6.00
3	050303005001	预制混凝土攒尖亭屋面板	六角亭亭屋面板	m³	0.84

【例 4】　某景区有一座三角形屋面的廊，如图 3-6 所示，供游人休息观景之用，该廊屋面跨度为 3m，屋面采用 1∶6 水泥焦渣找坡，坡度角为 35°，找坡层最薄处厚 30mm，廊屋面板为现浇混凝土面板，板厚 16mm，廊用梢径为 15cm

的原木柱子支撑骨架，试求廊屋面盖瓦饰的工程量。

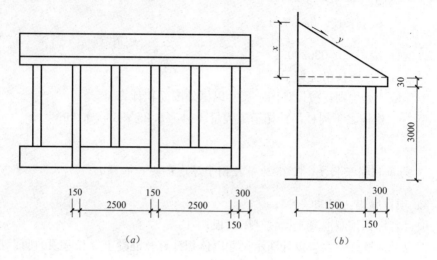

图 3-6　某廊构造示意图

(a) 正立面图；(b) 侧立面图

【解】 (1) 2013 清单与 2008 清单对照（表 3-7）

2013 清单与 2008 清单对照表　　　　　　　　表 3-7

序号	清单	项目编码	项目名称	项目特征	计算单位	工程量计算规则	工作内容
1	2013 清单	050302001	原木（带树皮）柱、梁、檩、椽	1. 原木种类 2. 原木直（梢）径（不含树皮厚度） 3. 墙龙骨材料种类、规格 4. 墙底层材料种类、规格 5. 构件联结方式 6. 防护材料种类	m	按设计图示尺寸以长度计算（包括榫长）	1. 构件制作 2. 构件安装 3. 刷防护材料
	2008 清单	050301001	原木（带树皮）柱、梁、檩、椽	1. 原木种类 2. 原木梢径（不含树皮厚度） 3. 墙龙骨材料种类、规格 4. 墙底层材料种类、规格 5. 构件联结方式 6. 防护材料种类	m	按设计图示尺寸以长度计算（包括榫长）	1. 构件制作 2. 构件安装 3. 刷防护材料
2	2013 清单	010505010	其他板	1. 混凝土种类 2. 混凝土强度等级	m³	按设计图示尺寸以体积计算	1. 模板及支架（撑）制作、安装、拆除、堆放、运输及清理模内杂物、刷隔离剂等 2. 混凝土制作、运输、浇筑、振捣、养护

续表

序号	清单	项目编码	项目名称	项目特征	计算单位	工程量计算规则	工作内容
2	2008 清单	010405009	其他板	1. 混凝土强度等级 2. 混凝土拌和料要求	m³	按设计图示尺寸以体积计算	混凝土制作、运输、浇筑、振捣、养护

（2）清单工程量

1）项目编码：050302001；

项目名称：原木（带树皮）柱、梁、檩、椽；

工程量计算规则：按设计图示尺寸以长度计算（包括榫长）。

该题中廊有 6 根长度为 3m 的木柱子。

$$工程量 = 3 \times 6 = 18m$$

 贴心助手

　3 为柱子长度，6 为根数。

2）项目编码：010505010；

项目名称：现浇混凝土斜屋面板；

工程量计算规则：按设计图示尺寸以体积计算，混凝土屋脊并入屋面体积内。

该廊面板为现浇混凝土斜屋面板，板厚 16mm，共有前后两部分。

图中
$$x = \frac{i \times 3/2}{100}$$

式中，i 为段数，本题为 2；3 为跨度。

$$x = \frac{2 \times 3/2}{100}m$$

$$x = 0.03m$$

利用三角形勾股定理：$a^2 + b^2 = c^2$，计算出图中 y 的值。

$$y = \sqrt{0.03^2 + (1.5 + 0.15 + 0.3)^2} = 1.9502m$$

$$\bar{\delta} = \frac{1}{2}(找坡层最薄处厚度 + x)$$

式中　$\bar{\delta}$——找坡层平均厚度。

则 $\delta = \frac{1}{2} \times (0.03 + 0.03) = 0.03m$

则现浇混凝土斜屋面板工程量 $= (2.5 \times 2 + 0.15 \times 3 + 0.3 \times 2) \times 1.9502$
$$\times 0.016 \times 2 = 0.38m^3$$

 贴心助手

　屋面板的长如图 3-6 所示为 $(2.5 \times 2 + 0.15 \times 3 + 0.3 \times 2)m$，斜宽为 1.9502m，板的厚度为 0.016m，前后两部分，则屋面板的体积可求。

（3）清单工程量计算表（表 3-8）

清单工程量计算表   表 3-8

序号	项目编码	项目名称	项目特征描述	计量单位	工程量
1	050302001001	原木（带树皮）柱、梁、檩、椽	梢径为 15cm	m	18.00
2	010505010001	其他板	屋面坡度角为 35°，屋面板板厚 16mm	m³	0.38

【例5】 某景区要建一座穹顶的亭子，如图 3-7 所示，用梢径为 12cm 的竹子作柱子，共有 4 根，穹顶为预制混凝土穹顶，厚 15mm，亭子底座为直径 3m 的圆形，亭屋面盖上绿色石棉瓦，檐枋之下吊挂着宽 25cm 的竹吊挂楣子，试求工程量。

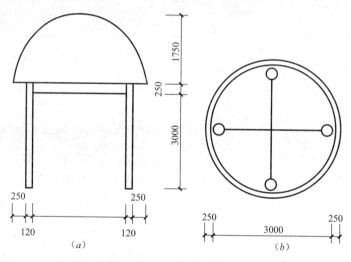

图 3-7 某穹顶亭构造示意图

(a) 立面图；(b) 平面图

【解】 （1）2013 清单与 2008 清单对照（表 3-9）

2013 清单与 2008 清单对照表   表 3-9

序号	清单	项目编码	项目名称	项目特征	计算单位	工程量计算规则	工作内容
1	2013 清单	050302004	竹柱、梁、檩、椽	1. 竹种类 2. 竹直（梢）径 3. 连接方式 4. 防护材料种类	m	按设计图示尺寸以长度计算	1. 构件制作 2. 构件安装 3. 刷防护材料
	2008 清单	050301004	竹柱、梁、檩、椽	1. 竹种类 2. 竹梢径 3. 连接方式 4. 防护材料种类	m	按设计图示尺寸以长度计算	1. 构件制作 2. 构件安装 3. 刷防护材料

续表

序号	清单	项目编码	项目名称	项目特征	计算单位	工程量计算规则	工作内容
2	2013清单	050302006	竹吊挂楣子	1. 竹种类 2. 竹梢径 3. 防护材料种类	m²	按设计图示尺寸以框外围面积计算	1. 构件制作 2. 构件安装 3. 刷防护材料
	2008清单	050301006	竹吊挂楣子	1. 竹种类 2. 竹梢径 3. 防护材料种类	m²	按设计图示尺寸以框外围面积计算	1. 构件制作 2. 构件安装 3. 刷防护材料
3	2013清单	050303005	预制混凝土穹顶	1. 穹顶弧长、直径 2. 肋截面尺寸 3. 板厚 4. 混凝土强度等级 5. 拉杆材质、规格	m³	按设计图示尺寸以体积计算。混凝土脊和穹顶的肋、基梁并入屋面体积	1. 模板制作、运输、安装、拆除、保养 2. 混凝土制作、运输、浇筑、振捣、养护 3. 构件运输、安装 4. 砂浆制作、运输 5. 接头灌缝、养护
	2008清单	050302007	就位预制混凝土穹顶	1. 亭屋面坡度 2. 穹顶弧长、直径 3. 肋截面尺寸 4. 板厚 5. 混凝土强度等级 6. 砂浆强度等级 7. 拉杆材质、规格	m³	按设计图示尺寸以体积计算。混凝土脊和穹顶的肋、基梁并入屋面体积内	1. 混凝土制作、运输、浇筑、振捣 2. 预埋铁件、拉杆安装 3. 构件出槽、养护、安装 4. 接头灌缝

（2）清单工程量

1）项目编码：050302004；

项目名称：竹柱、梁、檩、椽；

工程量计算规则：按设计图示尺寸以长度计算。

本题所给亭子有4根长度为3m的竹柱子。

$$工程量 = 3 \times 4 = 12m$$

2）项目编码：050302006；

项目名称：竹吊挂楣子；

工程量计算规则：按设计图示尺寸以框外围面积计算。

本题所给亭子在檐枋之下吊挂着竹吊挂楣子，用来装饰亭子。

一侧竹吊挂楣子的工程量 = 两柱子之间的扇形弧长 × 竹吊挂楣子的宽度

$$= \frac{n\pi d}{360} \times 0.25$$

$$= \frac{90 \times 3.14 \times 3}{360} \times 0.25$$

$$= 0.58875 \text{m}^2$$

式中　n——扇形的角度；

　　　d——亭子圆形底座直径。

则所有竹吊挂楣子工程量$=0.58875 \times 4 = 2.36 \text{m}^2$。

 贴心助手

两柱子之间的扇形弧长为圆周的 1/4，圆的直径为 3m，则弧长可求。竹吊挂楣子的宽度为 0.25m。

3）项目编码：050303005；

项目名称：就位预制混凝土穹顶；

工程量计算规则：按设计图示尺寸以体积计算。混凝土脊和穹顶的肋、基梁并入屋面体积内。

已知该亭子采用预制混凝土穹顶，板厚 15mm，穹顶所成半球形的直径为3.5m。

则就位预制混凝土穹顶工程量$= \frac{4\pi R^2}{3} \times \text{板厚} \times \frac{1}{2}$

$$= \frac{4 \times 3.14 \times 1.75^2}{3} \times 0.015 \times \frac{1}{2} = 0.10 \text{m}^3$$

式中　R——预制混凝土穹顶半球形的半径。

 贴心助手

对于穹顶亭子，在计算穹顶工程量时，所采用材料不同，工程量的计算规则也不尽相同。如彩色压型钢板（夹芯板）穹顶按设计图示尺寸以面积计算；而例 55 的就位预制混凝土穹顶则按设计图示尺寸以体积计算。

（3）清单工程量计算表（表 3-10）

清单工程量计算表　　　　　　　　　　　　　　　　　　表 3-10

序号	项目编码	项目名称	项目特征描述	计量单位	工程量
1	050302004001	竹柱、梁、檩、椽	竹子梢径为 12cm	m	12.00
2	050302006001	竹吊挂楣子	宽 25cm 的竹吊挂楣子	m²	2.36
3	050303005001	预制混凝土穹顶	穹顶亭构造如图 3-7 所示，穹顶板厚 15mm	m³	0.10

【例 6】　某花架柱、梁、檩条全为原木矩形构件，每根柱长 0.3m，宽0.3m，高 2.2m，每根梁长 1.5m，宽 0.3m，高 0.3m，每根檩条长 7m，宽0.4m，高 0.3m，试求工程量（图 3-8）。

【解】　（1）2013 清单与 2008 清单对照（表 3-11）

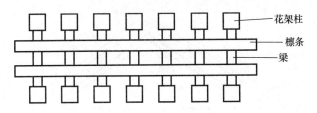

图 3-8　花架平面示意图

2013 清单与 2008 清单对照表　　　　　　　　　　表 3-11

清单	项目编码	项目名称	项目特征	计算单位	工程量计算规则	工作内容
2013 清单	050302001	原木（带树皮）柱、梁、檩、椽	1. 原木种类 2. 原木直（梢）径（不含树皮厚度） 3. 墙龙骨材料种类、规格 4. 墙底层材料种类、规格 5. 构件联结方式 6. 防护材料种类	m	按设计图示尺寸以长度计算（包括榫长）	1. 构件制作 2. 构件安装 3. 刷防护材料
2008 清单	050301001	原木（带树皮）柱、梁、檩、椽	1. 原木种类 2. 原木梢径（不含树皮厚度） 3. 墙龙骨材料种类、规格 4. 墙底层材料种类、规格 5. 构件联结方式 6. 防护材料种类	m	按设计图示尺寸以长度计算（包括榫长）	1. 构件制作 2. 构件安装 3. 刷防护材料

（2）清单工程量

1）柱子的总长度：
$$L = 每根柱子的高度 \times 根数 = 2.2 \times 7 \times 2 = 30.8 \text{m}$$

2）梁的总长度：
$$L = 每根梁的长度 \times 根数 = 1.5 \times 7 = 10.5 \text{m}$$

3）檩条的总长度：
$$L = 每根檩条的长度 \times 根数 = 7 \times 2 = 14 \text{m}$$

（3）清单工程量计算表（表 3-12）

清单工程量计算表　　　　　　　　　　表 3-12

序号	项目编码	项目名称	项目特征描述	计量单位	工程量
1	050302001001	原木（带树皮）柱、梁、檩、椽	每根柱长 0.3m，宽 0.3m，高 2.2m	m	30.80
2	050302001002	原木（带树皮）柱、梁、檩、椽	每根深长 1.5m，宽 0.3m，高 0.3m	m	10.50
3	050302001003	原木（带树皮）柱、梁、檩、椽	每根檩条长 7m，宽 0.4m，高 0.3m	m	14.00

【例 7】　某亭子内柱、梁、檩条和顶部支撑瓦的椽全为原木构件，柱子每根长 3m，半径为 0.2m，共 5 根，梁每根长 2m，半径为 0.15m，共 4 根。檩条每根长 1.8m，宽 0.3m，高 0.25m，共 10 根。椽每根长 0.5m，宽 0.3m，高 0.2m，共 65 根，试求工程量（图 3-9）。

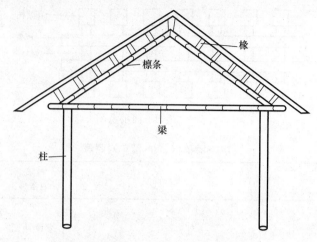

图 3-9 亭子结构示意图

【解】 （1）2013 清单与 2008 清单对照（表 3-13）

2013 清单与 2008 清单对照表　　　　　　　　　　表 3-13

清　单	项目编码	项目名称	项目特征	计算单位	工程量计算规则	工作内容
2013 清单	050302001	原木（带树皮）柱、梁、檩、椽	1. 原木种类 2. 原木直（梢）径（不含树皮厚度） 3. 墙龙骨材料种类、规格 4. 墙底层材料种类、规格 5. 构件联结方式 6. 防护材料种类	m	按设计图示尺寸以长度计算（包括榫长）	1. 构件制作 2. 构件安装 3. 刷防护材料
2008 清单	050301001	原木（带树皮）柱、梁、檩、椽	1. 原木种类 2. 原木梢径（不含树皮厚度） 3. 墙龙骨材料种类、规格 4. 墙底层材料种类、规格 5. 构件联结方式 6. 防护材料种类	m	按设计图示尺寸以长度计算（包括榫长）	1. 构件制作 2. 构件安装 3. 刷防护材料

（2）清单工程量

1）柱子总长度：$L=1$ 根柱子的长度×根数$=3×5=15$m；

2）梁的总长度：$L=1$ 根梁的长度×根数$=2×4=8$m；

3）檩条的总长度：$L=1$ 根檩条的长度×根数$=1.8×10=18$m；

4）椽的总长：$L=1$ 根椽的长度×根数$=0.5×65=32.5$m。

（3）清单工程量计算表（表 3-14）

清单工程量计算表　　　　　　　　　　表 3-14

序号	项目编码	项目名称	项目特征描述	计量单位	工程量
1	050302001001	原木（带树皮）柱、梁、檩、椽	每根柱长 3m，半径为 0.2m，共 5 根	m	15.00

续表

序号	项目编码	项目名称	项目特征描述	计量单位	工程量
2	050302001002	原木（带树皮）柱、梁、檩、椽	每根梁长 2m，半径为 0.15m，共 4 根	m	8.00
3	050302001003	原木（带树皮）柱、梁、檩、椽	每根檩长 1.8m，宽 0.3m，高 0.3m，共 10 根	m	18.00
4	050302001004	原木（带树皮）柱、梁、檩、椽	每根椽长 0.5m，宽 0.3m，宽 0.2m，共 65 根	m	32.50

【例 8】　一房屋所有结构全为原木构件（龙骨除外）房中共有 4 面墙，两两相同，长宽分别为 2.5m、2m 和 2.5m、2.5m，墙体中装有龙骨，用来支撑墙体，龙骨长 2.5m，宽 0.2m，厚 1mm。原木墙梢径为 15cm，树皮屋面厚 2cm，试求工程量（图 3-10）。

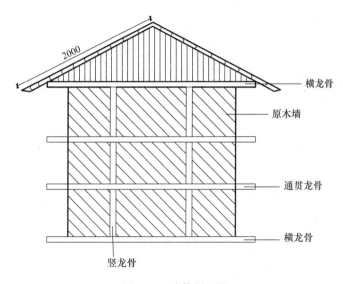

图 3-10　墙体剖面图

【解】　（1）2013 清单与 2008 清单对照（表 3-15）

2013 清单与 2008 清单对照表　　　　　　　　　　表 3-15

清单	项目编码	项目名称	项目特征	计算单位	工程量计算规则	工作内容
2013 清单	050302002	原木（带树皮）墙	1. 原木种类 2. 原木直（梢）径（不含树皮厚度） 3. 墙龙骨材料种类、规格 4. 墙底层材料种类、规格 5. 构件联结方式 6. 防护材料种类	m²	按设计图示尺寸以面积计算（不包括柱、梁）	1. 构件制作 2. 构件安装 3. 刷防护材料

续表

清单	项目编码	项目名称	项目特征	计算单位	工程量计算规则	工作内容
2008 清单	050301002	原木（带树皮）墙	1. 原木种类 2. 原木梢径（不含树皮厚度） 3. 墙龙骨材料种类、规格 4. 墙底层材料种类、规格 5. 构件联结方式 6. 防护材料种类	m²	按设计图示尺寸以面积计算（不包括柱、梁）	1. 构件制作 2. 构件安装 3. 刷防护材料

（2）清单工程量

墙体面积： $S_1 = 长 \times 宽 \times 2 = 2.5 \times 2 \times 2 = 10 \text{m}^2$

$\quad\quad\quad\quad\quad S_2 = 长 \times 宽 \times 2 = 2.5 \times 2.5 \times 2 = 12.5 \text{m}^2$

 贴心助手

计算原木墙时，柱、梁的工程量不包括在内。

（3）清单工程量计算表（表 3-16）

清单工程量计算表　　　　　　　　　　表 3-16

序号	项目编码	项目名称	项目特征描述	计量单位	工程量
1	050302002001	原木（带树皮）墙	原木梢径 15cm，龙骨长 2.5m，宽 0.2m，厚 1mm，长宽分别为 2.5m、2m	m²	10.00
2	050302002002	原木（带树皮）墙	长度分别为 2.5m、2.5m	m²	12.50

【例9】 一房屋墙壁为原木墙结构，原木墙梢径为 18cm，树皮屋面板厚 2.2cm，原木墙长 2.8m，宽 2m，墙体中装有镀锌钢板龙骨，龙骨长 3m，宽 0.4m，厚 1.2mm，墙底层地基中打入有钢筋混凝土矩形桩，每个桩长 5m，矩形表面长 1m，宽 0.6m，原木墙表面抹有灰面白水泥浆，试求工程量（图 3-11）。

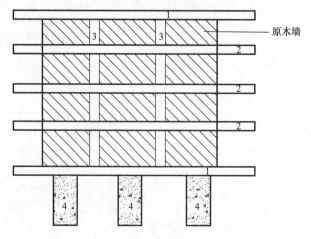

图 3-11　原木墙剖面图

1—横龙骨；2—通贯龙骨；3—竖龙骨；4—钢筋混凝土桩

【解】　（1）2013 清单与 2008 清单对照（表 3-17）

2013 清单与 2008 清单对照表　　　　　　　　　　表 3-17

清　单	项目编码	项目名称	项目特征	计算单位	工程量计算规则	工作内容
2013 清单	050302002	原木（带树皮）墙	1. 原木种类 2. 原木直（梢）径（不含树皮厚度） 3. 墙龙骨材料种类、规格 4. 墙底层材料种类、规格 5. 构件联结方式 6. 防护材料种类	m²	按设计图示尺寸以面积计算（不包括柱、梁）	1. 构件制作 2. 构件安装 3. 刷防护材料
2008 清单	050301002	原木（带树皮）墙	1. 原木种类 2. 原木梢径（不含树皮厚度） 3. 墙龙骨材料种类、规格 4. 墙底层材料种类、规格 5. 构件联结方式 6. 防护材料种类	m²	按设计图示尺寸以面积计算（不包括柱、梁）	1. 构件制作 2. 构件安装 3. 刷防护材料

（2）清单工程量

墙体面积：　　　　$S = 长 \times 宽 = 2.8 \times 2 = 5.6 \text{m}^2$

（3）清单工程量计算表（表 3-18）

清单工程量计算表　　　　　　　　　　表 3-18

项目编码	项目名称	项目特征描述	计量单位	工程量
050302002001	原木（带树皮）墙	原木墙梢径 18cm，镀锌钢板龙骨，原木墙表面抹有灰面白水泥浆	m²	5.60

【例 10】　一花架为竹子结构，柱、梁、檩条全为整根竹竿。每根柱底面半径为 10cm，高 2.5m，每根梁底面半径为 8cm，长 1.5m，每根檩条底面半径 7.5cm，长 6.5m，试求工程量（图 3-12）。

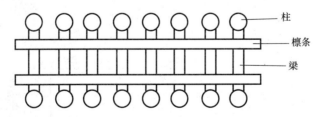

图 3-12　花梁结构示意图

【解】　（1）2013 清单与 2008 清单对照（表 3-19）

2013 清单与 2008 清单对照表　　　　　　　　表 3-19

清　单	项目编码	项目名称	项目特征	计算单位	工程量计算规则	工作内容
2013 清单	050302004	竹柱、梁、檩、椽	1. 竹种类 2. 竹直（梢）径 3. 连接方式 4. 防护材料种类	m	按设计图示尺寸以长度计算	1. 构件制作 2. 构件安装 3. 刷防护材料
2008 清单	050301004	竹柱、梁、檩、椽	1. 竹种类 2. 竹梢径 3. 连接方式 4. 防护材料种类	m	按设计图示尺寸以长度计算	1. 构件制作 2. 构件安装 3. 刷防护材料

（2）清单工程量

柱长：

$$L = 一根柱子的长度 \times 根数 = 2.5 \times 16 = 40m$$

檩条长：

$$L = 一根檩条的长度 \times 根数 = 6.5 \times 2 = 13m$$

梁长：

$$L = 一根梁的长度 \times 根数 = 1.5 \times 8 = 12m$$

（3）清单工程量计算表（表 3-20）

清单工程量计算表　　　　　　　　表 3-20

序　号	项目编码	项目名称	项目特征描述	计量单位	工程量
1	050302004001	竹柱、梁、檩、椽	每根柱底面半径为 10cm，高 2.5m	m	40.00
2	050302004002	竹柱、梁、檩、椽	每根梁底面半径为 8cm，长 1.5m	m	12.00
3	050302004003	竹柱、梁、檩、椽	每根檩条底面半径 7.5cm，长 6.5m	m	13.00

【例 11】　一三角亭为竹制结构，组成亭子的柱、梁、檩条和椽全为竹竿，柱子每根长 3m，半径为 0.15m，共 3 根。梁每根长 2m，半径为 0.15m，共 3 根。檩条每根长 1.5m，半径为 0.1m，共 12 根。椽每根长 0.4m，半径为 0.1m，共 66 根。试求工程量（图 3-13）。

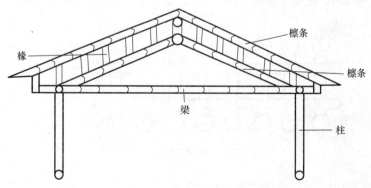

图 3-13　竹亭结构示意图

【解】 （1）2013 清单与 2008 清单对照（表 3-21）

2013 清单与 2008 清单对照表　　　　表 3-21

清　单	项目编码	项目名称	项目特征	计算单位	工程量计算规则	工作内容
2013 清单	050302004	竹柱、梁、檩、椽	1. 竹种类 2. 竹直（梢）径 3. 连接方式 4. 防护材料种类	m	按设计图示尺寸以长度计算	1. 构件制作 2. 构件安装 3. 刷防护材料
2008 清单	050301004	竹柱、梁、檩、椽	1. 竹种类 2. 竹梢径 3. 连接方式 4. 防护材料种类	m	按设计图示尺寸以长度计算	1. 构件制作 2. 构件安装 3. 刷防护材料

（2）清单工程量

$$柱长 L = 3 \times 3 = 9m$$

 贴心助手

柱长 3m，共 3 根。

$$梁长 L = 2 \times 3 = 6m$$

 贴心助手

梁长 2m，共 2 根。

$$檩条 L 长 = 1.5 \times 12 = 18m$$

 贴心助手

檩条长 1.5m，共 12 根。

$$椽长 L = 0.4 \times 66 = 26.4m$$

 贴心助手

椽长 0.4m，共 66 根。

（3）清单工程量计算表（表 3-22）

清单工程量计算表　　　　表 3-22

序号	项目编码	项目名称	项目特征描述	计量单位	工程量
1	050302004001	竹柱、梁、檩、椽	柱子每根长 3m，半径为 0.15m，共 3 根	m	9.00
2	050302004002	竹柱、梁、檩、椽	梁每根长 2m，半径为 0.15m，共 3 根	m	6.00

续表

序号	项目编码	项目名称	项目特征描述	计量单位	工程量
3	050302004003	竹柱、梁、檩、椽	檩条每根长1.5m，半径为0.1m，共12根	m	18.00
4	050302004004	竹柱、梁、檩、椽	椽每根长0.4m，半径为0.1m，共66根	m	26.40

【例12】 一房屋中用来隔开空间的墙为竹编墙，墙长4m，宽2.5m，墙中龙骨也为竹制，龙骨长4.2m，直径为15mm，试求工程量（图3-14）。

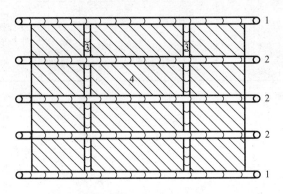

图 3-14　竹编墙结构示意图

1—横龙骨；2—通贯龙骨；3—竖龙骨；4—竹编墙

【解】 （1）2013清单与2008清单对照（表3-23）

2013清单与2008清单对照表　　　　表 3-23

清　单	项目编码	项目名称	项目特征	计算单位	工程量计算规则	工作内容
2013清单	050302005	竹编墙	1. 竹种类 2. 墙龙骨材料种类、规格 3. 墙底层材料种类、规格 4. 防护材料种类	m²	按设计图示尺寸以面积计算（不包括柱、梁）	1. 构件制作 2. 构件安装 3. 刷防护材料
2008清单	050301005	竹编墙	1. 竹种类 2. 墙龙骨材料种类、规格 3. 墙底层材料种类、规格 4. 防护材料种类	m²	按设计图示尺寸以面积计算（不包括柱、梁）	1. 构件制作 2. 构件安装 3. 刷防护材料

✿解题思路及技巧

竹编墙是用竹材料编成的墙体，所选的竹子要质地坚硬，尺寸均匀，还要进行防腐防虫处理。

（2）清单工程量

竹编墙面积：

$$S = 长 \times 宽 = 4 \times 2.5 = 10 m^2$$

（3）清单工程量计算表（表3-24）。

		清单工程量计算表			表 3-24
项目编码	项目名称	项目特征描述	计量单位	工程量
050302005001	竹编墙	龙骨也为竹制，龙骨长 4.2m，直径为 15mm，墙长 4m，宽 2.5m	m²	10.00

【例 13】　某房屋中各房间之间是用竹编墙来隔开空间，房屋地板面积 92m²，地板为水泥地板。竹编墙长 4.5m，宽 3m，墙中龙骨也为竹制，横龙骨长 4.7m，通贯龙骨长 4.4m，竖龙骨长 2.9m，龙骨直径为 20mm，试求工程量（图 3-15）。

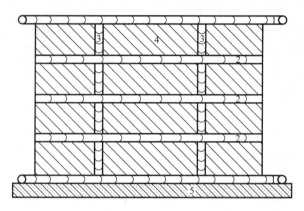

图 3-15　竹编墙结构示意图
1—横龙骨；2—通贯龙骨；3—竖龙骨；4—竹编墙；5—水泥地面

【解】　（1）2013 清单与 2008 清单对照（表 3-25）

			2013 清单与 2008 清单对照表			表 3-25
清　单	项目编码	项目名称	项目特征	计算单位	工程量计算规则	工作内容
2013 清单	050302005	竹编墙	1. 竹种类 2. 墙龙骨材料种类、规格 3. 墙底层材料种类、规格 4. 防护材料种类	m²	按设计图示尺寸以面积计算（不包括柱、梁）	1. 构件制作 2. 构件安装 3. 刷防护材料
2008 清单	050301005	竹编墙	1. 竹种类 2. 墙龙骨材料种类、规格 3. 墙底层材料种类、规格 4. 防护材料种类	m²	按设计图示尺寸以面积计算（不包括柱、梁）	1. 构件制作 2. 构件安装 3. 刷防护材料

✿解题思路及技巧

竹编墙是用竹材料编成的墙体，所选的竹子要质地坚硬，尺寸均匀，还要进行防腐防虫处理。计算竹编墙工程量时，柱子和梁的工程量不包括在内。

（2）清单工程量

竹编墙面积：

$$S = 长 \times 宽 = 4.5 \times 3 = 13.5 m^2$$

（3）清单工程量计算表（表 3-26）

清单工程量计算表　　　　　　　　　　表 3-26

项目编码	项目名称	项目特征描述	计量单位	工程量
050302005001	竹编墙	墙中龙骨为竹制，横龙骨长 4.7m，通贯龙骨长 4.4m，竖龙骨长 2.9m，龙骨直径为 20mm，地板为水泥地板	m²	13.50

3.3 亭廊屋面

【例 14】 某小游园建造一方式板亭，采用预制混凝土穹顶，如图 3-16 所示为方亭平面图，图 3-17 所示为方亭立面图，图 3-18 所示为方亭基础平面图，图 3-19 所示为方亭基础剖面图。根据图中所示尺寸，试求方亭工程量。

【解】 （1）2013 清单与 2008 清单对照（表 3-27）

（2）清单工程量

项目编码：050303005。

工程量计算规则：按设计图示尺寸以体积计算。混凝土脊和穹顶的肋基梁并入屋面体积。

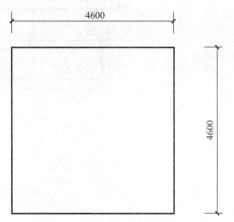

图 3-16　方亭平面图

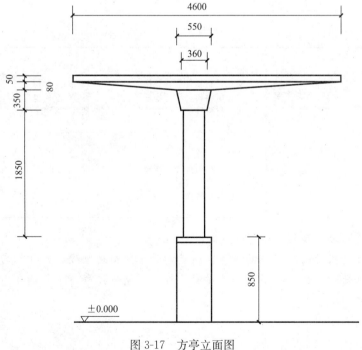

图 3-17　方亭立面图

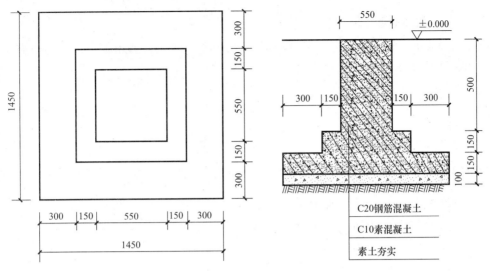

图 3-18 方亭基础平面图 　　　　　　　　 图 3-19 方亭基础剖面图

2013 清单与 2008 清单对照表　　　　　　　　　　　　表 3-27

清单	项目编码	项目名称	项目特征	计算单位	工程量计算规则	工作内容
2013清单	050303005	预制混凝土穹顶	1. 穹顶弧长、直径 2. 肋截面尺寸 3. 板厚 4. 混凝土强度等级 5. 拉杆材质、规格	m³	按设计图示尺寸以体积计算。混凝土脊和穹顶的肋、基梁并入屋面体积	1. 模板制作、运输、安装、拆除、保养 2. 混凝土制作、运输、浇筑、振捣、养护 3. 构件运输、安装 4. 砂浆制作、运输 5. 接头灌缝、养护
2008清单	050302007	就位预制混凝土穹顶	1. 亭屋面坡度 2. 穹顶弧长、直径 3. 肋截面尺寸 4. 板厚 5. 混凝土强度等级 6. 砂浆强度等级 7. 拉杆材质、规格	m³	按设计图示尺寸以体积计算。混凝土脊和穹顶的肋、基梁并入屋面体积内	1. 混凝土制作、运输、浇筑、振捣、养护 2. 预埋铁件、拉杆安装 3. 构件出槽、养护、安装 4. 接头灌缝

如图 3-16、图 3-17 所示，可知该混凝土方亭板由两部分组成，即混凝土方亭板工程量＝矩形体部分亭板工程量＋棱台体部分亭板的工程量。

则 $$V_总 = V_1 + V_2$$

$$V_1 = 长 \times 宽 \times 厚 = 4.6 \times 4.6 \times 0.05 = 1.06 \mathrm{m}^3$$

$$V_2 = \frac{1}{3} h (S_1 + S_2 + \sqrt{S_1 S_2})（棱台体计算公式）$$

$$= \frac{1}{3} \times 0.08 \times (0.55 \times 0.55 + 4.6 \times 4.6 + \sqrt{0.55 \times 0.55 \times 4.6 \times 4.6})$$

$$= 0.64 \mathrm{m}^3$$

$$V_总 = 1.06 + 0.64 = 1.70 \mathrm{m}^3$$

贴心助手

棱台大口的边长为 4.6m，小口边长为 0.55m，高度为 0.08m，则棱台体积由公式可求。

（3）清单工程量计算表（表 3-28）

清单工程量计算表   表 3-28

项目编码	项目名称	项目特征描述	计量单位	工程量
050303005001	预制混凝土穹顶	C20 混凝土方亭板，50mm 厚	m³	1.70

【例 15】 如图 3-20 所示为一个蘑菇亭示意图，蘑菇亭基础为方形基础，各尺寸如图所示，试求平整场地工程量、挖土方工程量、柱子基础垫层工程量（三类土）。

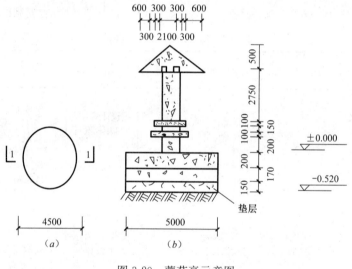

图 3-20 蘑菇亭示意图
（a）平面图；（b）1-1 剖面图

【解】 （1）2013 清单与 2008 清单对照（表 3-29）

2013 清单与 2008 清单对照表   表 3-29

序号	清　单	项目编码	项目名称	项目特征	计算单位	工程量计算规则	工作内容
1	2013 清单	010101001	平整场地	1. 土壤类别 2. 弃土运距 3. 取土运距	m²	按设计图示尺寸以建筑物首层建筑面积计算	1. 土方挖填 2. 场地找平 3. 运输
	2008 清单	010101001	平整场地	1. 土壤类别 2. 弃土运距 3. 取土运距	m²	按设计图示尺寸以建筑物首层面积计算	1. 土方挖填 2. 场地找平 3. 运输

续表

序号	清 单	项目编码	项目名称	项目特征	计算单位	工程量计算规则	工作内容
2	2013清单	010101002	挖一般土方	1. 土壤类别 2. 挖土深度 3. 弃土运距	m³	按设计图示尺寸以体积计算	1. 排地表水 2. 土方开挖 3. 围护（挡土板）及拆除 4. 基底钎探 5. 运输
	2008清单	010101002	挖土方	1. 土壤类别 2. 挖土平均厚度 3. 弃土运距	m³	按设计图示尺寸以体积计算	1. 排地表水 2. 土方开挖 3. 挡土板支拆 4. 截桩头 5. 基底钎探 6. 运输
3	2013清单	010404001	垫层	垫层材料种类配合比、厚度	m³	按设计图示尺寸以立方米计算	1. 垫层材料的拌制 2. 垫层铺设 3. 材料运输
	2008清单			2008清单中无此项内容，2013清单中此项为新增加内容			

（2）清单工程量

由工程量清单计价规范知，平整场地工程量按图示尺寸以"m²"为单位计算。

1）平整场地工程量：

$$5 \times 5 = 25.00 \text{m}^2$$

 贴心助手

亭子底部边长为5m，则平整场地的面积可知。

2）挖土方工程量：

$$5 \times 5 \times 0.52 = 13.00 \text{m}^3$$

 贴心助手

挖方面积为25m²，挖方深度为0.52m，则挖方工程量可知。

3）柱子基础垫层工程量：

$$5 \times 5 \times 0.15 = 25 \times 0.15 = 3.75 \text{m}^3$$

 贴心助手

基础垫层的边长为5m，垫层厚度为0.15m，则基础垫层的体积可知。

（3）清单工程量计算表（表3-30）

清单工程量计算表　　　　　　　　　　　　　　　　　表3-30

序号	项目编码	项目名称	项目特征描述	计量单位	工程量
1	010101001001	平整场地	三类土	m²	25.00
2	010101002001	挖一般土方	挖土深度0.52m	m³	13.00
3	010404001001	垫层	基础垫层	m³	3.75

3.4 花　架

【例 16】 某住宅小区安装一座金属花架，采用 4 根 120mm×80mm 的方钢管做主骨架，形状为拱门形，每根主骨架间距为 0.45m，纵向中 5 根 80mm×50mm 方钢管连接，花架最高处为 3.6m，宽 1.8m，花架外表面为喷塑处理，花架钢管重量为 0.5t，编制该项目的工程量清单。

【解】 (1) 2013 清单与 2008 清单对照 (表 3-31)

2013 清单与 2008 清单对照表　　　　　　　表 3-31

清单	项目编码	项目名称	项目特征	计算单位	工程量计算规则	工作内容
2013 清单	050304003	金属花架柱、梁	1. 钢材品种、规格 2. 柱、梁截面 3. 油漆品种、刷漆遍数	t	按设计图示尺寸以质量计算	1. 制作、运输 2. 安装 3. 油漆
2008 清单	050303004	金属花架柱、梁	1. 钢材品种、规格 2. 柱、梁截面 3. 油漆品种、刷漆遍数	t	按设计图示以质量计算	1. 土 (石) 方挖运 2. 混凝土制作、运输、浇筑、振捣、养护 3. 构件制作、运输、安装 4. 刷防护材料、油漆

❋ **解题思路及技巧**

本花架为入口造型，骨架造型要求煨弯自然，由于景观要求，骨架在工厂内进行煨弯处理，表面喷塑也是在工厂内加工完成，到现场直接进行骨架安装。

(2) 清单工程量

项目名称：金属花架柱、梁。

1) 主骨架 4 根 120mm×80mm 方钢管；

2) 次骨架 5 根 80mm×50mm 方钢管；

3) 花架钢管重量为 0.5t。

计算单位：t；

工程数量：依据工程量计算规则，该清单项目数量为 0.5t。

(3) 清单工程量计算表 (表 3-32)

清单工程量计算表　　　　　　　表 3-32

项目编码	项目名称	项目特征描述	计量单位	工程量
050304003001	金属花架	主骨架 4 根 120mm×80mm 方钢管，次骨架 5 根 80mm×50mm 方钢管，花架高 3.6m，花架外表面为喷塑处理	t	0.5

【例 17】　如 3-21 图所示为某木花架局部平面图；尺寸如图所示，用刷喷涂料于各檩上，各檩厚 150mm，试求其工程量。

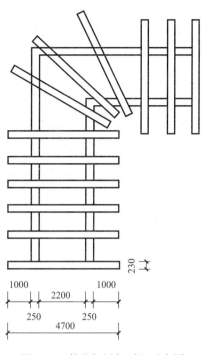

图 3-21　某花架局部平面示意图

【解】　（1）2013 清单与 2008 清单对照（表 3-33）

2013 清单与 2008 清单对照表　　　　　　　　　　表 3-33

清　单	项目编码	项目名称	项目特征	计算单位	工程量计算规则	工作内容
2013 清单	050304004	木花架柱、梁	1. 木材种类 2. 柱、梁截面 3. 连接方式 4. 防护材料种类	m³	按设计图示截面乘长度（包括榫长）以体积计算	1. 构件制作、运输、安装 2. 刷防护材料、油漆
2008 清单	050303003	木花架柱、梁	1. 木材种类 2. 柱、梁截面 3. 连接方式 4. 防护材料种类	m³	按设计图示截面乘长度（包括榫长）以体积计算	1. 土（石）方挖运 2. 混凝土制作、运输、浇筑、振捣、养护 3. 构件制作、运输、安装 4. 刷防护材料、油漆

✿解题思路及技巧

根据工程量清单计算规范，可知木制花架表面刷防护涂料时，按设计图示截面乘长度（包括榫长）以体积计算。

（2）清单工程量

$$0.23 \times 0.15 \times 4.7 \times 12 = 1.95 \text{m}^3$$

 贴心助手

> 檩的截面为 230mm×150mm，长度为 4700mm，共 12 根。

（3）清单工程量计算表（表 3-34）

清单工程量计算表　　　　　　　表 3-34

项目编码	项目名称	项目特征描述	计量单位	工程量
050304004001	木花架柱、梁	檩截面 230mm×150mm	m³	1.95

【**例 18**】　图 3-22 为某花架柱子局部平面和断面示意图，各尺寸如图所示，共有 24 根柱子，柱截面为 250mm×300mm，试求挖土方工程量及现浇混凝土柱子工程量。

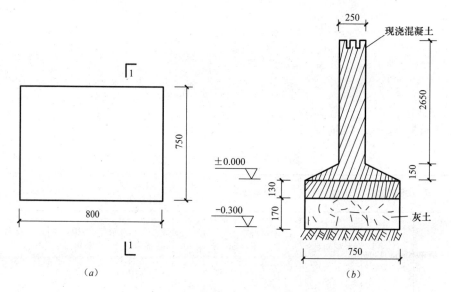

图 3-22　某花架柱子局部示意图

（a）柱基平面示意图；（b）柱断面示意图

【**解**】　（1）2013 清单与 2008 清单对照（表 3-35）

（2）清单工程量

1）挖土方清单工程量：

$$0.75 \times 0.8 \times 0.3 \times 24 = 4.32 \text{m}^3$$

 贴心助手

> 挖方长 0.8m，宽 0.75m，挖深 0.3m，共 24 根柱子。

2013 清单与 2008 清单对照表　　　　　　　　　　　　　　表 3-35

序号	清单	项目编码	项目名称	项目特征	计算单位	工程量计算规则	工作内容
1	2013清单	050304001	现浇混凝土花架柱、梁	1. 柱截面、高度、根数 2. 盖梁截面、高度、根数 3. 连系梁截面、高度、根数 4. 混凝土强度等级	m³	按设计图示尺寸以体积计算	1. 模板制作、运输、安装、拆除、保养 2. 混凝土制作、运输、浇筑、振捣、养护
	2008清单	050303001	现浇混凝土花架柱、梁	1. 柱截面、高度、根数 2. 盖梁截面、高度、根数 3. 连系梁截面、高度、根数 4. 混凝土强度等级	m³	按设计图示尺寸以体积计算	1. 土(石)方挖运 2. 混凝土制作、运输、浇筑、振捣、养护
2	2013清单	010101004	挖基坑土方	1. 土壤类别 2. 挖土深度 3. 弃土运距	m³	按设计图示尺寸以基础垫层底面积乘以挖土深度计算	1. 排地表水 2. 土方开挖 3. 围护(挡土板)及拆除 4. 基底钎探 5. 运输
	2008清单	010101003	挖基础土方	1. 土壤类别 2. 基础类别 3. 垫层底宽、底面积 4. 挖土深度 5. 弃土运距	m³	按设计图示尺寸以基础垫层底面积乘以挖土深度计算	1. 排地表水 2. 土方开挖 3. 挡土板支拆 4. 截桩头 5. 基底钎探 6. 运输

2) 每根柱子现浇混凝土清单工程量:

$$\frac{1}{3} \times 2.65 \times \left[0.8 \times 0.75 + 0.3 \times 0.25 + \sqrt{(0.8 \times 0.75) \times (0.3 \times 0.25)} \right]$$

$$+ 0.25 \times 0.3 \times 2.65$$

$$= \frac{1}{3} \times 2.65 \times (0.6 + 0.075 + 0.212) + 0.199$$

$$= \frac{1}{3} \times 2.65 \times 0.887 + 0.199 = 0.983 \text{m}^3$$

 贴心助手

　　矩形台体的体积公式为 $\frac{1}{3}h(ab + a_1b_1 + \sqrt{(ab)(a_1b_1)})$，台体底面大矩形长为 0.8m，宽为 0.75m，顶面小矩形长为 0.3m、宽为 0.25m。再加上台上部柱子的体积(柱子截面长 0.3m，宽 0.25m，高 2.65m)得出为一根柱子混凝土的工程量。

　　由于有 24 根柱子，所以现浇混凝土清单工程量:

$$0.983 \times 24 = 23.59 \text{m}^3$$

(3) 清单工程量计算表(表 3-36)

清单工程量计算表　　　　　　　　　　　　　　表 3-36

序　号	项目编码	项目名称	项目特征描述	计量单位	工程量
1	010101004001	挖基坑土方	挖土深 0.3m	m³	4.32
2	050304001001	现浇混凝土花架柱、梁	柱截面 0.25m×0.3m，柱高 2.65m，共 24 根	m³	23.59

【例19】 如图 3-23 所示，试求预制混凝土花架柱、梁的工程量。

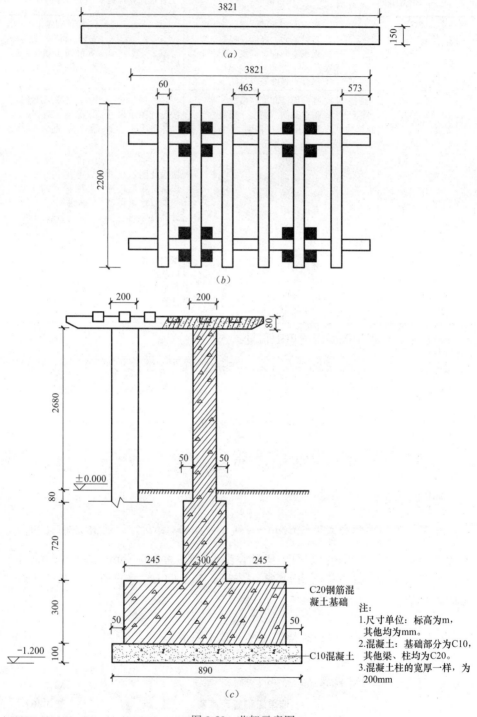

图 3-23 花架示意图

(a) 梁平面图；(b) 花架平面图；(c) 花架立面、剖面图

【解】 (1) 2013 清单与 2008 清单对照 （表 3-37）

2013 清单与 2008 清单对照表　　　　　　　　　　　　　　表 3-37

清单	项目编码	项目名称	项目特征	计算单位	工程量计算规则	工作内容
2013 清单	050304002	预制混凝土花架柱、梁	1. 柱截面、高度、根数 2. 盖梁截面、高度、根数 3. 连系梁截面、高度、根数 4. 混凝土强度等级 5. 砂浆配合比	m³	按设计图示尺寸以体积计算	1. 模板制作、运输、安装、拆除、保养 2. 混凝土制作、运输、浇筑、振捣、养护 3. 构件运输、安装 4. 砂浆制作、运输 5. 接头灌缝、养护
2008 清单	050303002	预制混凝土花架柱、梁	1. 柱截面、高度、根数 2. 盖梁截面、高度、根数 3. 连系梁截面、高度、根数 4. 混凝土强度等级 5. 砂浆配合比	m³	按设计图示尺寸以体积计算	1. 土（石）方挖运 2. 混凝土制作、运输、浇筑、振捣、养护 3. 构件制作、运输、安装 4. 砂浆制作、运输 5. 接头灌缝、养护

❀解题思路及技巧

考虑花架柱和梁的构造形式，按照设计图示尺寸以体积计算。

（2）清单工程量

1）混凝土柱架（按设计图示尺寸以体积计算）：

$V=$ 长×宽×厚×数量

$=[(2.68+0.08)\times0.2\times0.2+0.72\times(0.2+0.1)\times(0.2+0.1)]\times4$

$=0.70\mathrm{m}^3$

　贴心助手

柱架上部高度为（2.68+0.08）m，柱架截面积为（0.2×0.2）m²；下部高度为 0.72m，柱架截面积为 [(0.2+0.1)×(0.2+0.1)]m²，则柱架的体积可知。共 4 根柱子。

2）混凝土梁（按设计图示尺寸以体积计算）：

$V=$ 长×宽×厚×数量 $=3.821\times0.15\times0.08\times2=0.09\mathrm{m}^3$

　贴心助手

混凝土梁长 3.821m，宽 0.15m，高 0.08m，共 2 根。

（3）清单工程量计算表（表 3-38）

清单工程量计算表　　　　　　　　　　　　　　表 3-38

序号	项目编码	项目名称	项目特征描述	计量单位	工程量
1	050304002001	预制混凝土花架柱、梁	柱截面 200mm×200mm，柱高 2.76m，共 4 根	m³	0.70
2	050304002002	预制混凝土花架柱、梁	梁截面 150mm×80mm，梁长 3.821m，共 2 根	m³	0.09

【例 20】　建筑小品花架，根据花架平面图、花架立面、剖面图 3-23（b）、

图 3-23（*c*）所示，试求：

（1）平整场地；（2）花架柱基础的工程量。

【解】 （1）2013 清单与 2008 清单对照（表 3-39）

2013 清单与 2008 清单对照表　　　　　　表 3-39

序号	清单	项目编码	项目名称	项目特征	计算单位	工程量计算规则	工作内容
1	2013 清单	010101001	平整场地	1. 土壤类别 2. 弃土运距 3. 取土运距	m²	按设计图示尺寸以建筑物首层建筑面积计算	1. 土方挖填 2. 场地找平 3. 运输
	2008 清单	010101001	平整场地	1. 土壤类别 2. 弃土运距 3. 取土运距	m²	按设计图示尺寸以建筑物首层面积计算	1. 土方挖填 2. 场地找平 3. 运输
2	2013 清单	010101004	挖基坑土方	1. 土壤类别 2. 挖土深度 3. 弃土运距	m³	按设计图示尺寸以基础垫层底面积乘以挖土深度计算	1. 排地表水 2. 土方开挖 3. 围护（挡土板）及拆除 4. 基底钎探 5. 运输
	2008 清单	010101003	挖基础土方	1. 土壤类别 2. 基础类别 3. 垫层底宽、底面积 4. 挖土深度 5. 弃土运距	m³	按设计图示尺寸以基础垫层底面积乘以挖土深度计算	1. 排地表水 2. 土方开挖 3. 挡土板支拆 4. 截桩头 5. 基底钎探 6. 运输
3	2013 清单	010501001	垫层	1. 混凝土种类 2. 混凝土强度等级	m³	按设计图示尺寸以体积计算。不扣除伸入承台基础的桩头所占体积	1. 模板及支撑制作、安装、拆除、堆放、运输及清理模内杂物、刷隔离剂等 2. 混凝土制作、运输、浇筑、振捣、养护
	2008 清单	010401006	垫层	1. 混凝土强度等级 2. 混凝土拌和料要求 3. 砂浆强度等级	m³	按设计图示尺寸以体积计算。不扣除构件内钢筋、预埋铁件和伸入承台基础的桩头所占体积	1. 混凝土制作、运输、浇筑、振捣、养护 2. 地脚螺栓二次灌浆

续表

序号	清单	项目编码	项目名称	项目特征	计算单位	工程量计算规则	工作内容
4	2013 清单	010501003	独立基础	1. 混凝土种类 2. 混凝土强度等级	m³	按设计图示尺寸以体积计算。不扣除伸入承台基础的桩头所占的体积	1. 模板及支撑制作、安装、拆除、堆放。运输及清理模内杂物,刷隔离剂等 2. 混凝土制作运输浇筑、振捣、养护
	2008 清单	010401002	独立基础	1. 混凝土强度等级 2. 混凝土拌和料要求 3. 砂浆强度等级	m³	按设计图示尺寸以体积计算。不扣除构件内钢筋、预埋铁件和伸入承台基础的桩头所占的体积	1. 混凝土制作、运输、浇筑、振捣、养护 2. 地脚螺栓二次灌浆

（2）清单工程量

1）平整场地（三类土）：

$$S = 长 \times 宽 = 3.821 \times 2.2 = 8.41 \text{m}^2$$

2）柱基础：

① 挖地坑（说明一个地坑宽 780mm、长 890mm）：

$$V = 长 \times 宽 \times 高 \times 数量$$
$$= 0.89 \times 0.78 \times (0.08 + 0.72 + 0.3 + 0.1) \times 4$$
$$= 3.33 \text{m}^3$$

 贴心助手

柱子的垫层长度为 0.89m，宽度为 0.78m，挖深为 （0.08＋0.72＋0.3＋0.1)m，共 4 根柱子，则挖地坑的工程量可得。

② C10 混凝土基础垫层：

$$V = 长 \times 宽 \times 厚 \times 数量 = 0.89 \times 0.78 \times 0.1 \times 4 = 0.28 \text{m}^3$$

 贴心助手

基础长度为 0.89m，宽度为 0.78m，混凝土垫层厚 0.1m，共 4 根柱子，则混凝土基础垫层的体积可求。

③ C20 钢筋混凝土基础（宽 770mm）：

$$V = 长 \times 宽 \times 厚 \times 数量 = (0.89 - 0.1) \times 0.77 \times 0.3 \times 4 = 0.73 \text{m}^3$$

 贴心助手

钢筋混凝土基础长度为 （0.89－0.1)m，宽度为 0.77m，厚度为 0.3m，共 4 根柱子，则 C20 钢筋混凝土基础体积可知。

（3）清单工程量计算表（表 3-40）

清单工程量计算表　　　　　　　　　　　表 3-40

序号	项目编码	项目名称	项目特征描述	计量单位	工程量
1	010101001001	平整场地	三类土	m²	8.41
2	010101004001	挖基坑土方	挖土深 1.2m，独立基础	m³	3.33
3	010501001001	垫层	C10 混凝土垫层	m³	0.28
4	010501003001	独立基础	C20 钢筋混凝土基础	m³	0.73

【例 21】　某公园花架用现浇混凝土花架柱、梁搭接而成，已知花架总长度为 9.3m，宽 2.5m，花架柱、梁具体尺寸、布置形式如图 3-24 所示，该花架基础为混凝土基础，厚 60cm，试求工程量。

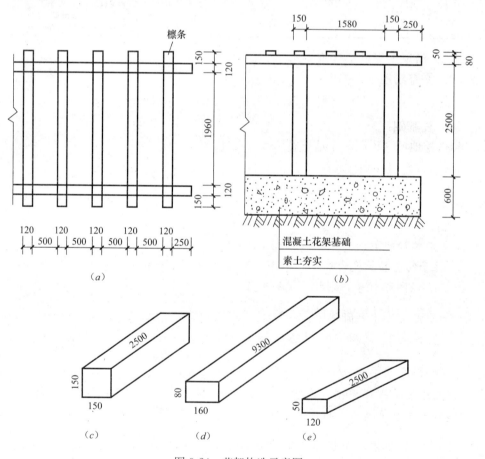

图 3-24　花架构造示意图

（a）花架平面图；（b）花架剖面图；（c）柱尺寸示意图；

（d）纵梁尺寸示意图；（e）小檩条尺寸示意图

【解】　（1）2013 清单与 2008 清单对照（表 3-41）

2013 清单与 2008 清单对照表　　　　　　　表 3-41

清单	项目编码	项目名称	项目特征	计算单位	工程量计算规则	工作内容
2013清单	050304001	现浇混凝土花架柱、梁	1. 柱截面、高度、根数 2. 盖梁截面、高度、根数 3. 连系梁截面、高度、根数 4. 混凝土强度等级	m³	按设计图示尺寸以体积计算	1. 模板制作、运输、安装、拆除、保养 2. 混凝土制作、运输、浇筑、振捣、养护
2008清单	050303001	现浇混凝土花架柱、梁	1. 柱截面、高度、根数 2. 盖梁截面、高度、根数 3. 连系梁截面、高度、根数 4. 混凝土强度等级	m³	按设计图示尺寸以体积计算	1. 土（石）方挖运 2. 混凝土制作、运输、浇筑、振捣、养护

（2）清单工程量

项目编码：050304001；

项目名称：现浇混凝土花架柱、梁；

工程量计算规则：按设计图示尺寸以体积计算。

1）有关该题花架现浇混凝土花架柱的工程量计算：

首先根据已知条件及图示计算出花架一侧的柱子数目，设为 x，则有如下关系式：

$$0.25 \times 2 + 0.15x + 1.58(x-1) = 9.3$$

$$1.73x = 10.38$$

$$x = 6$$

则可得出整个花架共有 $6 \times 2 = 12$ 根。

则该花架现浇混凝土花架柱工程量＝柱子底面积×高×12 根

$$= 0.15 \times 0.15 \times 2.5 \times 12$$

$$= 0.68 \text{m}^3$$

2）有关该题所给花架现浇混凝土梁的工程量计算：

花架纵梁的工程量＝纵梁断面面积×长度×2 根

$$= 0.16 \times 0.08 \times 9.3 \times 2$$

$$= 0.24 \text{m}^3$$

3）关于花架檩条先根据已知条件及图示计算出它的数目，设为 y，则有如下关系式：

$$0.25 \times 2 + 0.12y + 0.5(y-1) = 9.3$$

$$0.62y = 9.3$$

$$y = 15$$

则共有 15 根檩条。

其工程量＝檩条断面面积×长度×15 根

$$= 0.12 \times 0.05 \times 2.5 \times 15$$

$$= 0.23 \text{m}^3$$

 贴心助手

1）花架柱工程量公式中，0.15 为柱子底面边长，2.5 为柱高。

2）花架纵梁工程量中，0.16 为纵梁断面的长度，0.08 为纵梁断面的宽度。

3）花架檩依据工程量清单计算规范，按设计图示尺寸以体积计算。

（3）清单工程量计算表（表 3-42）

清单工程量计算表 　　　　　　　　　　　　　　　　　表 3-42

序号	项目编码	项目名称	项目特征描述	计量单位	工程量
1	050304001001	现浇混凝土花架柱	花架柱的截面为 150mm×150mm，柱高 2.5m，共 12 根	m³	0.68
2	050304001002	现浇混凝土花架梁	花架纵梁的截面为 160mm×80mm，梁长 9.3m，共 2 根	m³	0.24
3	050304001003	现浇混凝土花架柱、梁	花架檩条截面为 120mm×50mm，檩条长 2.5m，共 15 根	m³	0.23

【例 22】　某景区要搭建一座花架，如图 3-25 所示，预先按设计尺寸用混凝土浇筑好花架柱、梁、檩条（小横梁）备用，已知柱子直径为 16cm，长度为 2.8m，一侧 5 根，梁的断面尺寸为 80mm×170mm，檩条断面尺寸为 50mm×125mm，两梁间距为 2m，梁向两边外挑 20cm，两檩条间距为 0.5m，向两边外挑 10cm，两柱子间距为 1.55m，试求工程量。

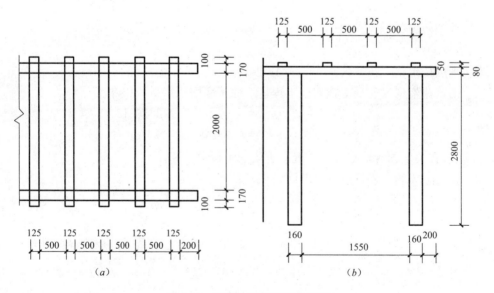

图 3-25　某景区花架构造示意图

(a) 平面图；(b) 立面图

【解】　（1）2013 清单与 2008 清单对照（表 3-43）

2013 清单与 2008 清单对照表　　　　　　　　　　**表 3-43**

清单	项目编码	项目名称	项目特征	计算单位	工程量计算规则	工作内容
2013清单	050304002	预制混凝土花架柱、梁	1. 柱截面、高度、根数 2. 盖梁截面、高度、根数 3. 连系梁截面、高度、根数 4. 混凝土强度等级 5. 砂浆配合比	m³	按设计图示尺寸以体积计算	1. 模板制作、运输、安装、拆除、保养 2. 混凝土制作、运输、浇筑、振捣、养护 3. 构件运输、安装 4. 砂浆制作、运输 5. 接头灌缝、养护
2008清单	050303002	预制混凝土花架柱、梁	1. 柱截面、高度、根数 2. 盖梁截面、高度、根数 3. 连系梁截面、高度、根数 4. 混凝土强度等级 5. 砂浆配合比	m³	按设计图示尺寸以体积计算	1. 土（石）方挖运 2. 混凝土制作、运输、浇筑、振捣、养护 3. 构件制作、运输、安装 4. 砂浆制作、运输 5. 接头灌缝、养护

❋**解题思路及技巧**

用来砌筑花架柱、梁各部件的砂浆所使用的水泥品种及标号，应根据砌体部位和所处环境来选择。花架柱、梁、檩、工程量按砌筑体积计算。水泥砂浆及强度等级等于或大于 M5 的混合砂浆，砂的含泥量不应超过 5%；强度等级小于 M5 的混合砂浆，砂的含量不应超过 10%。采用混合砂浆时，应将生石灰熟化成石膏，并用滤网过滤，使其充分熟化，熟化时间不少于 7d，严禁使用脱水硬化的石灰膏，要注意保证砂浆的和易性。

（2）清单工程量

项目编码：050304002；

项目名称：预制混凝土花架柱、梁；

工程量计算规则：按设计图示尺寸以体积计算。

根据已知条件可求出花架的长度 $=0.16×5+1.55×(5-1)+0.2×2$
$$=7.4m$$

则设该花架有 x 根檩条，有如下关系式：

$0.125x+0.5(x-1)+0.2×2=7.4$

$0.625x=7.5$

$x=12$

所以预制混凝土花架柱的体积 $=$ 花架柱的底面积 $×$ 柱长度 $×5$ 根 $×2$ 面
$$=3.14×\left(\frac{0.16}{2}\right)^2×2.8×5×2$$
$$=0.56m^3$$

 贴心助手

> 柱子的直径为 0.16m，截面积可得。柱子长为 2.8m，共 10 根。

预制混凝土花架梁的体积 $=$ 花架梁的底面积 $×$ 梁长度 $×2$ 面
$$=0.08×0.17×7.4×2=0.20m^3$$

贴心助手

梁的截面长度为 0.17m，宽度为 0.08m，梁长 7.4m，两根。

预制混凝土花架檩条的体积＝花架檩条底面积×檩条的长度×12 根
$$=0.05×0.125×(2+0.17×2+0.1×2)×12$$
$$=0.19m^3$$

 贴心助手

檩条的截面长度为 0.125m，宽度为 0.05m，檩条的长度为（2+0.17×2+0.1×2）m，其中 2 为两道梁之间的宽度，0.17 为梁的截面长度，0.1 为挑出梁外的长度。共 12 根檩条。

（3）清单工程量计算表（表 3-44）

清单工程量计算表 表 3-44

序号	项目编码	项目名称	项目特征描述	计量单位	工程量
1	050304002001	预制混凝土花架柱、梁	柱子直径为 16cm，长度为 2.8m，共 10 根	m³	0.56
2	050304002002	预制混凝土花架柱、梁	花架梁的断面尺寸为 80mm×170mm，梁长 7.4m，共 2 根	m³	0.20
3	050304002003	预制混凝土花架柱、梁	花架檩条断面尺寸为 50mm×125mm，檩条长 2.54m，共 12 根	m³	0.19

【例 23】 某生态园内根据景观需要搭建了一座木制的花架，如图 3-26 所示。已知花架木柱截面尺寸为 150mm×150mm，间隔 1.56m，长 2.5m；木梁截面尺寸为 60mm×150mm，间隔 2m，长度为 7.7m；木檩条（小横梁）截面尺寸为 50mm×150mm，间隔 500mm，长度为 2.6m，为防止木材老化在木材表面涂抹油漆，试求工程量。

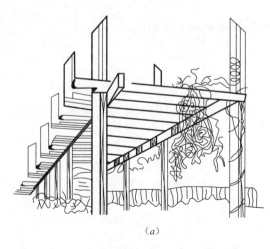

(a)

图 3-26 某生态园花架构造示意图（一）

(a) 立体图

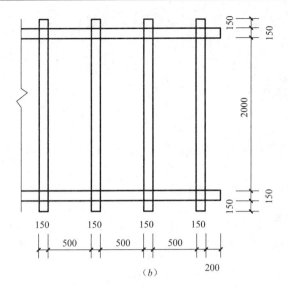

图 3-26　某生态园花架构造示意图（二）

(b) 平面图

【解】　（1）2013 清单与 2008 清单对照（表 3-45）

2013 清单与 2008 清单对照表　　　　　　表 3-45

清单	项目编码	项目名称	项目特征	计算单位	工程量计算规则	工作内容
2013 清单	050304004	木花架柱、梁	1. 木材种类 2. 柱、梁截面 3. 连接方式 4. 防护材料种类	m³	按设计图示截面乘长度（包括榫长）以体积计算	1. 构件制作、运输、安装 2. 刷防护材料、油漆
2008 清单	050303003	木花架柱、梁	1. 木材种类 2. 柱、梁截面 3. 连接方式 4. 防护材料种类	m³	按设计图示截面乘长度（包括榫长）以体积计算	1. 土（石）方挖运 2. 混凝土制作、运输、浇筑、振捣、养护 3. 构件制作、运输、安装 4. 刷防护材料、油漆

（2）清单工程量

项目编码：050304004；

项目名称：木花架柱、梁；

工程量计算规则：按设计图示截面乘长度（包括榫长）以体积计算。

1）根据已知条件设花架一侧有柱子 x 根，有如下关系式：

$0.15x+1.56(x-1)+0.15\times2+0.2\times2=7.7$

$1.71x=8.56$

$x=5$

则花架两侧共有 $5\times2=10$ 根柱子。

则花架柱的工程量＝柱子截面面积×长度×根数

$$=0.15×0.15×2.5×10$$
$$=0.56m^3$$

 贴心助手

柱子的截面的长 0.15m，宽为 0.15m，柱子长度为 2.5m，共 10 根。

2）花架木梁的工程量＝木梁截面面积×木梁长度×根数

$$=0.06×0.15×7.7×2$$
$$=0.14m^3$$

 贴心助手

梁的截面长为 0.15m，宽为 0.06m，梁长 7.7m，共 2 根。

3）根据已知条件设花架檩条（小横梁）有 y 根，有如下关系式：

$$0.15y+0.5(y-1)+0.2×2=7.7$$

$$0.65y=7.8$$

$$y=12$$

则花架木檩条（小横梁）的工程量＝木檩条截面面积×檩条长度×根数

$$=0.05×0.15×2.6×12$$
$$=0.23m^3$$

 贴心助手

檩条的截面长为 0.15m，宽为 0.05m，檩条长 2.6m，共 12 根。

（3）清单工程量计算表（表 3-46）

清单工程量计算表　　　　　　　　表 3-46

序号	项目编码	项目名称	项目特征描述	计量单位	工程量
1	050304004001	木花架柱、梁	花架木柱截面尺寸为 150mm× 150mm，长 2.5m，共 10 根	m³	0.56
2	050304004002	木花架柱、梁	花架木梁截面尺寸为 60mm× 150mm，长度为 7.7m，共 2 根	m³	0.14
3	050304004003	木花架柱、梁	木檩条截面为 50mm×150mm，长度为 2.6m，共 12 根	m³	0.23

【例 24】 某游乐园有一座用碳素结构钢所建的拱形花架，长度为 6.3m，如图 3-27 所示。所用钢材截面均为 60mm×100mm，已知钢材为空心钢 0.05t/m³，花架采用 50cm 厚的混凝土作基础，试求工程量。

【解】（1）2013 清单与 2008 清单对照（表 3-47）

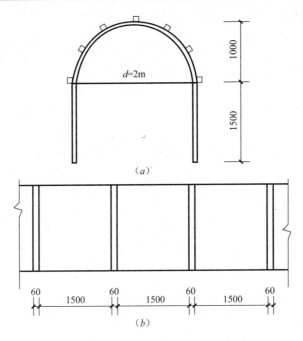

图 3-27　某游乐园花架构造示意图

(a) 立面图；(b) 平面图

2013 清单与 2008 清单对照表　　　　　　　　　　表 3-47

清单	项目编码	项目名称	项目特征	计算单位	工程量计算规则	工作内容
2013 清单	050304003	金属花架柱、梁	1. 钢材品种、规格 2. 柱、梁截面 3. 油漆品种、刷漆遍数	t	按设计图示尺寸以质量计算	1. 制作、运输 2. 安装 3. 油漆
2008 清单	050303004	金属花架柱、梁	1. 钢材品种、规格 2. 柱、梁截面 3. 油漆品种、刷漆遍数	t	按设计图示尺寸以质量计算	1. 土（石）方挖运 2. 混凝土制作、运输、浇筑、振捣、养护 3. 构件制作、运输、安装 4. 刷防护材料、油漆

(2) 清单工程量

项目编码：050304003；

项目名称：金属花架柱、梁；

工程量计算规则：按设计图示以质量计算。

1) 花架所用碳素结构钢柱子的体积＝(两侧矩形钢材体积＋半圆形拱顶钢材体积)×根数，设有根数为 $2x$，则根据已知条件有如下关系式：

$0.06x + 1.5(x-1) = 6.3$

$1.56x = 7.8$

$x = 5$

则柱子体积

$$= \left\{ 0.06 \times 0.1 \times 1.5 \times 2 + 0.06 \times 0.1 \times 3.14 \times (2-0.1) \times \frac{180}{360} \right\} \times 5$$

$$= (0.018 + 0.018) \times 5$$

$$= 0.18 \text{m}^3$$

 贴心助手

钢材截面积为 $0.06 \times 0.1 \text{m}^2$，竖直部分高度为 1.5m，两侧，则体积可知。拱形部分外侧直径长 2m，内侧直径长 $(2-0.1\times2)$m，$(2-0.1)$ 为拱形半径的中心线长，则拱形部分的环形体积可知。

则花架金属柱的工程量＝柱子体积×0.05＝0.18×0.05＝0.009t

2）花架所用碳素结构钢梁的体积：

钢梁体积＝钢梁的截面面积×梁的长度×根数

$$= 0.06 \times 0.1 \times 6.3 \times 7 = 0.265 \text{m}^3$$

则花架金属梁的工程量＝梁的体积×0.05＝0.265×0.05＝0.013t

（3）清单工程量计算表（表 3-48）

清单工程量计算表　　　　　　　　　　　　　　　　　表 3-48

序号	项目编码	项目名称	项目特征描述	计量单位	工程量
1	050304003001	金属花架柱、梁	碳素结构钢空心钢，截面尺寸为 60mm×100mm	t	0.009
2	050304003002	金属花架柱、梁	碳素结构钢空心钢，截面尺寸为 60mm×100mm	t	0.013

【例 25】 花架廊工程（图 3-28～图 3-31）。

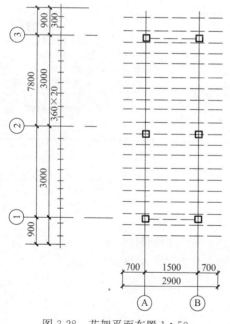

图 3-28 花架平面布置 1：50

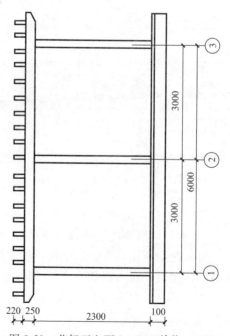

图 3-29 花架正立面 1：50（单位：mm）

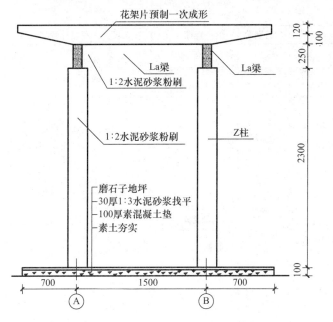

图 3-30　花架侧立面 1：20（单位：mm）

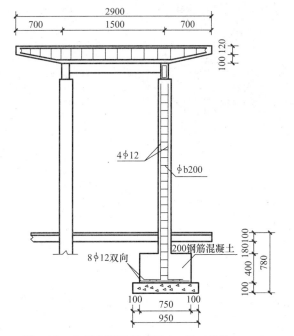

图 3-31　花架方形柱基础图 1：20（单位：mm）

【解】　（1）2013 清单与 2008 清单对照（表 3-49）

2013 清单与 2008 清单对照表　　　　表 3-49

序号	清单	项目编码	项目名称	项目特征	计算单位	工程量计算规则	工作内容
1	2013 清单	010101001	平整场地	1. 土壤类别 2. 弃土运距 3. 取土运距	m²	按设计图示尺寸以建筑物首层建筑面积计算	1. 土方挖填 2. 场地找平 3. 运输

序号	清单	项目编码	项目名称	项目特征	计算单位	工程量计算规则	工作内容
1	2008清单	010101001	平整场地	1. 土壤类别 2. 弃土运距 3. 取土运距	m²	按设计图示尺寸以建筑物首层面积计算	1. 土方挖填 2. 场地找平 3. 运输
2	2013清单	010101004	挖基坑土方	1. 土壤类别 2. 挖土深度 3. 弃土运距	m³	按设计图示尺寸以基础垫层底面积乘以挖土深度计算	1. 排地表水 2. 土方开挖 3. 围护（挡土板）及拆除 4. 基底钎探 5. 运输
	2008清单	010101003	挖基础土方	1. 土壤类别 2. 基础类别 3. 垫层底宽、底面积 4. 挖土深度 5. 弃土运距	m³	按设计图示尺寸以基础垫层底面积乘以挖土深度计算。	1. 排地表水 2. 土方开挖 3. 挡土板支拆 4. 截桩头 5. 基底钎探 6. 运输
3	2013清单	010501003	独立基础	1. 混凝土种类 2. 混凝土强度等级	m³	按设计图示尺寸以体积计算。不扣除伸入承台基础的桩头所占体积	1. 模板及支撑制作、安装、拆除、堆放、运输及清理模内杂物、刷隔离剂等 2. 混凝土制作、运输、浇筑、振捣、养护
	2008清单	010501002	独立基础	1. 混凝土强度等级 2. 混凝土拌和料要求 3. 砂浆强度等级	m³	按设计图示尺寸以体积计算。不扣除构件内钢筋、预埋铁件和伸入承台基础的桩头所占体积	1. 混凝土制作、运输、浇筑、振捣、养护 2. 地脚螺栓二次灌浆
4	2013清单	011702001	基础	基础类型	m²	按模板与现浇混凝土构件的接触面积计算 1. 现浇钢筋混凝土墙、板单孔面积≤0.3m²的孔洞不予扣除，洞侧壁模板亦不增加；单孔面积＞0.3m²时应予扣除，洞侧壁模板面积并入墙、板工程量内计算 2. 现浇框架分别按梁、板、柱有关规定计算；附墙柱、暗梁、暗柱并入墙内工程量内计算 3. 柱、梁、墙、板相互连接的重叠部分，均不计算模板面积 4. 构造柱按图示外露部分计算模板面积	1. 模板制作 2. 模板安装拆除、整理堆放及场内外运输 3. 清理模板粘结物及模内杂物、刷隔离剂等

续表

序号	清单	项目编码	项目名称	项目特征	计算单位	工程量计算规则	工作内容
4	2008 清单	2008 清单中无此项内容，2013 清单中此项为新增加内容					
5	2013 清单	010515001	现浇构件钢筋	钢筋种类、规格	t	按设计图示钢筋（网）长度（面积）乘单位理论质量计算	1. 钢筋制作、运输 2. 钢筋安装 3. 焊接（绑扎）
	2008 清单	010416001	现浇混凝土钢筋	钢筋种类、规格	t	按设计图示钢筋（网）长度（面积）乘单位理论质量计算	1. 钢筋（网、笼）制作、运输 2. 钢筋（网、笼）安装

（2）清单工程量

1）平整场地

$$S = 长 \times 宽$$
$$长 = 7.8m$$
$$宽 = 2.9m$$
$$S = 7.8 \times 2.9 = 22.62m^2$$

2）人工挖土

$$V = 长 \times 宽 \times 深 \times 数量$$
$$长 = 宽 = 0.95m$$
$$深 = 0.78 - 0.10 = 0.68m$$
$$数量 = 6$$
$$V = 0.95 \times 0.95 \times 0.68 \times 6$$
$$= 3.68m^3$$

3）钢筋混凝土基础

$$V = 长 \times 宽 \times 厚 \times 数量$$
$$长 = 宽 = 0.75m$$
$$厚 = 0.40m$$
$$数量 = 6$$
$$V = 0.75 \times 0.75 \times 0.40 \times 6$$
$$= 1.35m^3$$

4）钢筋混凝土基础模板

$$S = 接触面长 \times 宽 \times 数量$$
$$长 = 宽 = 0.75m$$
$$数量 = 6$$
$$S = 0.75 \times 0.75 \times 6$$
$$= 3.38m^2$$

5）钢筋混凝土

$$T = V \times 钢筋系数$$
$$V = 1.35\text{m}^3$$
$$钢筋系数 = 0.04\text{t/m}^3$$
$$T = 1.35 \times 0.04 = 0.054\text{t}$$

6）人工回填土

$$人工回填土 = 人工挖土 - 素混凝土垫层 - 钢筋混凝土基础$$
$$V = 3.68 - 0.54 - 1.35 = 1.79\text{m}^3$$

7）人工土外运

$$人工土方外运 = 素混凝土垫层 + 钢混凝土基础$$
$$V = 0.54 + 1.35 = 1.89\text{m}^3$$

8）地坪素土夯实

$$S = 长 \times 宽$$
$$长 = 7.8\text{m}$$
$$宽 = 0.70 + 1.50 + 0.70 = 2.90\text{m}$$
$$S = 7.80 \times 2.90 = 22.62\text{m}^2$$

9）现浇钢混凝土柱（C20、工柱）

$$V = 截面面积(a \times b) \times 高度 \times 数量$$
$$截面面积\ a = b = 0.16\text{m}$$
$$高度 = 0.10 + 2.30 = 2.40\text{m}$$
$$数量 = 6\ 根$$
$$V = 0.16 \times 0.16 \times 2.40 \times 6 = 0.369\text{m}^3$$

10）柱钢混凝土模板

$$S = 接触面长 \times 宽 \times 数量$$
$$长 = 宽 = 0.16\text{m}$$
$$数量 = 6\ 根$$
$$S = 0.16 \times 0.16 \times 6 = 0.15\text{m}^2$$

11）柱钢混凝土钢筋

$$T = V \times 钢筋系数$$
$$V = 0.369\text{m}^3$$
$$钢筋系数 = 0.125\text{t/m}^3$$
$$T = 0.369 \times 0.125 = 0.046\text{t}$$

（3）清单工程量计算表（表 3-50）

清单工程量计算表   表 3-50

序号	项目编码	项目名称	项目特征描述	计量单位	工程量
1	010101001001	平整场地	二类土	m²	22.62
2	010101004001	挖基坑土方	一、二类土干土深度（在 1m 以内）	m³	3.68
3	010501003001	独立基础	现浇现拌混凝土	m³	1.35

续表

序号	项目编码	项目名称	项目特征描述	计量单位	工程量
4	011702001001	基础	钢筋混凝土独立基础模板	m²	3.38
5	010515001001	现浇构件钢筋	独立基础钢筋	t	0.054
6	010103001001	回填土	人工基槽夯实	m³	1.79
7	010103002001	余方弃置	人工挑抬运距在20m以内	m³	1.89
8	010201004001	强夯地基	机械原土打夯	m²	22.62
9	010502003001	异形柱	C20混凝土工形柱	m³	0.37
10	011702004001	异形柱模板	现浇钢筋混凝土模板	m²	0.15
11	010515001002	现浇构件钢筋	异形柱钢筋	t	0.046

3.5　园　林　桌　椅

【例26】　某景区有木制的飞来椅供游人休息，如图3-32所示。该景区木制座凳为双人座凳长1m，宽40cm，座椅表面进行油漆涂抹防止木材腐烂，为了使人们坐得舒适，座面有6°的水平倾角，试求工程量。

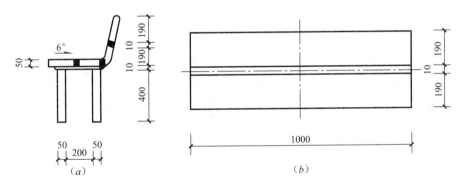

图3-32　木制飞来椅构造示意图

(a) 立面图；(b) 平面图

【解】　(1) 2013清单与2008清单对照 (表3-51)

2013清单与2008清单对照表　　　　　　　　　　表3-51

清单	项目编码	项目名称	项目特征	计算单位	工程量计算规则	工作内容
2013清单	020511001	鹅颈靠背	1. 构件芯类形、式样 2. 构件高度 3. 木材品种 4. 框、芯截面尺寸 5. 雕刻的纹样 6. 防护材料种类、涂刷遍数	1. m² 2. m	1. 以平方米计量，按设计图示尺寸以面积计算 2. 以米计量，按设计图示长度以延长米计算	1. 框、芯、靠背制作 2. 雕刻 3. 安装 4. 刷防护材料
2008清单	2008清单中无此项内容，2013清单中此项为新增加内容					

（2）清单工程量

项目编码：020511001；

项目名称：鹅颈靠背；

工程量计算规则：按设计图示尺寸以座凳面中心线长度计算。

根据图示可知该景区木制飞来椅工程量为 1000mm。

（3）清单工程量计算表（表 3-52）

清单工程量计算表

表 3-52

项目编码	项目名称	项目特征描述	计量单位	工程量
020511001001	鹅颈靠背	双人座凳长 1m，宽 40cm，座椅表面进行油漆涂抹，座面有 6°水平倾角	m	1.00

【例 27】 某小区景观大道两侧现浇制作标准型白色水磨石飞来椅，凳脚刷乳胶漆两遍。飞来椅总长 45m，计算该白色水磨石飞来椅清单工程量。

【解】 （1）2013 清单与 2008 清单对照（表 3-53）

2013 清单与 2008 清单对照表

表 3-53

清单	项目编码	项目名称	项目特征	计算单位	工程量计算规则	工作内容
2013清单	050305002	水磨石飞来椅	1. 座凳面厚度、宽度 2. 靠背扶手截面 3. 靠背截面 4. 座凳楣子形状、尺寸 5. 砂浆配合比	m	按设计图示尺寸以座凳面中心线长度计算	1. 砂浆制作运输 2. 制作 3. 运输 4. 安装
2008清单	2008 清单中无此项内容，2013 清单中此项为新增加内容					

（2）清单工程量

项目名称：水磨石飞来椅。

1）标准白色水磨石；

2）凳脚刷乳胶漆两遍；

3）飞来椅总长 45m。

计算单位：m；

工程数量：依据工程量计算规则，该清单项目数量为 45.00m。

（3）清单工程量计算表（表 3-54）

清单工程量计算表　　　　　　　　　　　　　　表 3-54

项目编码	项目名称	项目特征描述	计量单位	工程量
050305001002	水磨石飞来椅	1. 标准型白色水磨石 2. 凳脚刷乳胶漆两遍 3. 飞来椅总长 45m	m	45.00

【例 28】　某景区有一处用大理石制作的石桌、石凳供游客休息，如图 3-33 所示。石桌、凳面均为圆形，基础为 3∶7 灰土材料制成厚度为 120mm，其四周边长比支墩放宽 100mm。4 个石凳围绕着圆桌以四等分圆线定位，试求工程量。

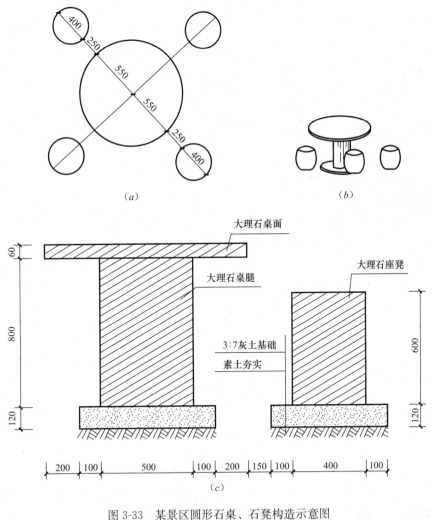

图 3-33　某景区圆形石桌、石凳构造示意图
(a) 平面图；(b) 立体图；(c) 剖面图

【解】　(1) 2013 清单与 2008 清单对照（表 3-55）

2013 清单与 2008 清单对照表　　　　　　　　　　表 3-55

清单	项目编码	项目名称	项目特征	计算单位	工程量计算规则	工作内容
2013 清单	050305006	石桌石凳	1. 石材种类 2. 基础形状、尺寸、埋设深度 3. 桌面形状、尺寸、支墩高度 4. 凳面尺寸、支墩高度 5. 混凝土强度等级 6. 砂浆配合比	个	按设计图示数量计算	1. 土方挖运 2. 桌凳制作 3. 桌凳运输 4. 桌凳安装 5. 砂浆制作、运输
2008 清单	050304006	石桌石凳	1. 石材种类 2. 基础形状、尺寸、埋设深度 3. 桌面形状、尺寸、支墩高度 4. 凳面形状、尺寸、支墩高度 5. 混凝土强度等级 6. 砂浆配合比	个	按设计图示数量计算	1. 土方挖运 2. 混凝土制作、运输、浇筑、振捣、养护 3. 桌凳制作 4. 砂浆制作、运输 5. 桌凳安砌

（2）清单工程量：

项目编码：050305006；

项目名称：石桌石凳；

工程量计算规则：按设计图示数量计算。

该组石桌、石凳有 4 个大理石石凳，1 个大理石石桌，4 个石凳围绕着圆形石桌以四等分圆线一定距离定位。

（3）清单工程量计算表（表 3-56）

清单工程量计算表　　　　　　　　　　表 3-56

序号	项目编码	项目名称	项目特征描述	计量单位	工程量
1	050305006001	石桌石凳	大理石石凳，圆形，尺寸如图 3-33 所示，120mm 厚 3：7 灰土基础，四周边长比支墩放宽 100mm	个	4
2	050305006002	石桌石凳	大理石石桌，圆形，尺寸如图 3-33 所示，120mm 厚 3：7 灰土基础，四周边长比支墩放宽 100mm	个	1

【例 29】　某植物园以钢筋、钢丝网作骨架，再仿照树根粉饰以彩色水泥砂浆，堆塑成树根形状的桌凳供游人休息，形状构造如图 3-34 所示。基础为厚 120mm 的素混凝土材料，其四周比墩延长 100mm，所用骨架为网孔 4mm 预制的钢丝网与钢筋，已知 6.1875t/m³，试求工程量。

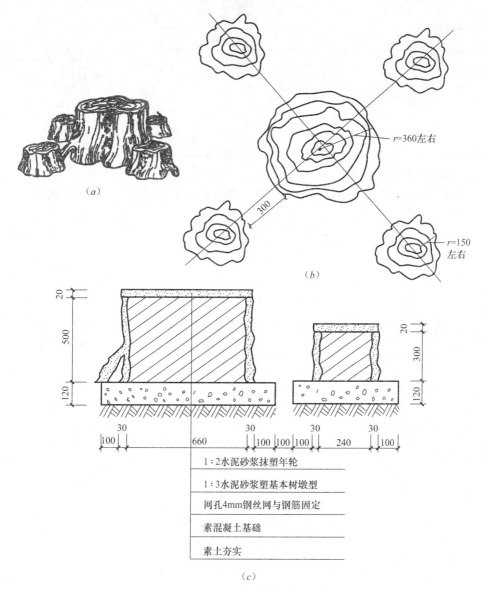

r=360左右

300

r=150
左右

(b)

20

500

120

20

300

120

30　　30　30　30

100　　660　　100　100　100　240　30　100

1:2水泥砂浆抹塑年轮

1:3水泥砂浆塑基本树墩型

网孔4mm钢丝网与钢筋固定

素混凝土基础

素土夯实

(c)

图 3-34　某植物园堆塑树根桌椅构造示意图

(a) 立体图；(b) 平面图；(c) 剖面图

【解】　（1）2013 清单与 2008 清单对照（表 3-57）

2013 清单与 2008 清单对照表　　　　　　　　　表 3-57

清单	项目编码	项目名称	项目特征	计算单位	工程量计算规则	工作内容
2013 清单	050305008	塑树根桌凳	1. 桌凳直径 2. 桌凳高度 3. 砖石种类 4. 砂浆强度等级、配合比 5. 颜料品种、颜色	个	按设计图示数量计算	1. 砂浆制作、运输 2. 砖石砌筑 3. 塑树皮 4. 绘制木纹

续表

清单	项目编码	项目名称	项目特征	计算单位	工程量计算规则	工作内容
2008清单	050304007	塑树根桌凳	1. 桌凳直径 2. 桌凳高度 3. 砖石种类 4. 砂浆强度等级、配合比 5. 颜料品种、颜色	个	按设计图示数量计算	1. 土（石）方运挖 2. 砂浆制作、运输 3. 砖石砌筑 4. 塑树皮 5. 绘制木纹

✿解题思路及技巧

所堆塑的树根桌凳为了逼真都不是正圆形的，计算某些工程量时只能以正圆来进行估算。

（2）清单工程量

项目编码：050305008；

项目名称：塑树根桌凳；

工程量计算规则：按设计图示数量计算。

根据图示可知该组堆塑树根桌凳有 4 个堆塑树根形状的座凳和 1 个堆塑成树根形状的桌子，4 个座凳围绕桌子以 4 等分线位置等距排列。

（3）清单工程量计算表（表 3-58）

清单工程量计算表　　　　　　　　　　　　表 3-58

序号	项目编码	项目名称	项目特征描述	计量单位	工程量
1	050305008001	塑树根桌凳	凳子的直径为 150mm，高为 300mm，彩色水泥砂浆	个	4
2	050305008002	塑树根桌凳	桌子的直径为 360mm，高为 500mm，彩色水泥砂浆	个	1

【例 30】 某生态园为了配合景观，用砖胎砌塑成圆形座凳，并用 1：3 水泥砂浆粉饰出树节外形，基础以 3：7 灰土为材料，厚 100mm，构造如图 3-35 所示，凳面用 1：2 水泥砂浆粉饰出年轮外形，试求工程量。

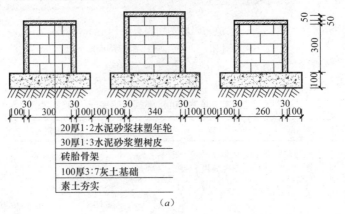

图 3-35　某生态园堆塑树节椅构造示意图（一）

(a) 剖面图

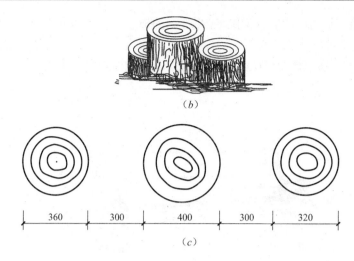

(b)

| 360 | 300 | 400 | 300 | 320 |

(c)

图 3-35 某生态园堆塑树节椅构造示意图（二）

(b) 立体图；(c) 平面图

【解】 （1）2013 清单与 2008 清单对照（表 3-59）

2013 清单与 2008 清单对照表 表 3-59

清单	项目编码	项目名称	项目特征	计算单位	工程量计算规则	工作内容
2013 清单	050305009	塑树节椅	1. 桌凳直径 2. 桌凳高度 3. 砖石种类 4. 砂浆强度等级、配合比 5. 颜料品种、颜色	个	按设计图示数量计算	1. 砂浆制作、运输 2. 砖石砌筑 3. 塑树皮 4. 绘制木纹
2008 清单	050304008	塑树节椅	1. 桌凳直径 2. 桌凳高度 3. 砖石种类 4. 砂浆强度等级、配合比 5. 颜料品种、颜色	个	按设计图示数量计算	1. 土（石）方挖运 2. 砂浆制作、运输 3. 砖石砌筑 4. 塑树皮 5. 绘制木纹

（2）清单工程量

项目编码：050305009；

项目名称：塑树节椅；

工程量计算规则：按设计图示数量计算。

该组堆塑树节椅共有 3 个，尺寸大小各不相同，以直线方向排列。

（3）清单工程量计算表（表 3-60）

清单工程量计算表 表 3-60

项目编码	项目名称	项目特征描述	计量单位	工程量
050305009001	塑树节椅	1：3 水泥砂浆粉饰出树节外形，凳面 1：2 水泥砂浆粉饰年轮外形	个	3

【例31】 某圆形广场有如图3-36所示的椅子，供游人休息观赏之用。已知广场直径为20m，凳子围绕着广场以45°角方向进行布置。椅子的座面及靠背材料为塑料，扶手及凳腿则为生铁浇铸而成。铁构件表面刷防锈漆一道，调和漆两道，试求工程量。

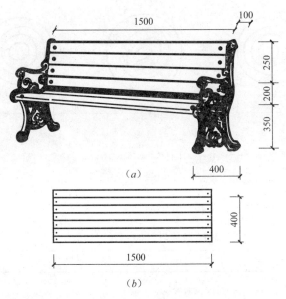

图3-36 某广场座椅构造示意图

(a) 立体图；(b) 平面图

【解】 (1) 2013清单与2008清单对照（表3-61）

2013清单与2008清单对照表 表3-61

清单	项目编码	项目名称	项目特征	计算单位	工程量计算规则	工作内容
2013清单	050305010	塑料、铁艺、金属椅	1. 木座板面截面 2. 座椅规格、颜色 3. 混凝土强度等级 4. 防护材料种类	个	按设计图示数量计算	1. 制作 2. 安装 3. 刷防护材料
2008清单	050304009	塑料、铁艺、金属椅	1. 木座板面截面 2. 塑料、铁艺、金属椅规格、颜色 3. 混凝土强度等级 4. 防护材料种类	个	按设计图示数量计算	1. 土（石）方挖运 2. 混凝土制作、运输、浇筑、振捣、养护 3. 座椅安装 4. 木座板制作、安装 5. 刷防护材料

❀**解题思路及技巧**

椅子按设计图示数量计算，由题意知凳子围绕着广场以45°角方向进行布置，则凳子的数量＝360/45。

（2）清单工程量

项目编码：050305010；

项目名称：塑料、铁艺、金属椅；

工程量计算规则：按设计图示数量计算。

已知椅子是围绕着圆形广场以 45°角方向进行布置，则共有椅子数量＝360/45＝8 个。

（3）清单工程量计算表（表 3-62）

清单工程量计算表
表 3-62

项目编码	项目名称	项目特征描述	计量单位	工程量
050305010001	塑料、铁艺、金属椅	座面及靠背材料为塑料 扶手及凳腿为生铁浇铸 铁构件表面刷防锈漆一道，调和漆两道	个	8

【例 32】　为配合景观，在假山旁用自然石堆砌了一组桌凳，如图 3-37 所示，石桌凳表面用普通水泥进行剁斧石处理使表面平整，石桌面与石桌腿之间用厚 20mm 的豆石混凝土灌缝，石桌凳用 3∶7 灰土作基础垫层，材料厚 120mm，埋

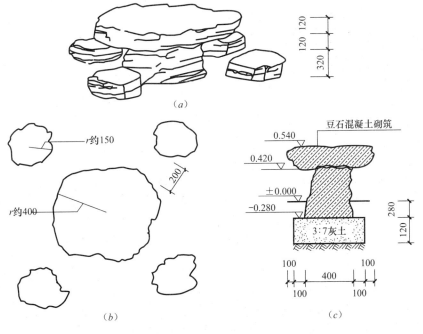

图 3-37　石桌石凳构造示意图
(a) 立面图；(b) 平面图；(c) 剖面图

设深度为 400mm，其四周比支墩放宽 100mm，试求工程量。

【解】 （1）2013 清单与 2008 清单对照（表 3-63）

2013 清单与 2008 清单对照表　　　　　　　表 3-63

清单	项目编码	项目名称	项目特征	计算单位	工程量计算规则	工作内容
2013 清单	050305006	石桌石凳	1. 石材种类 2. 基础形状、尺寸、埋设深度 3. 桌面形状、尺寸、支墩高度 4. 凳面尺寸、支墩高度 5. 混凝土强度等级 6. 砂浆配合比	个	按设计图示数量计算	1. 土方挖运 2. 桌凳制作 3. 桌凳运输 4. 桌凳安装 5. 砂浆制作、运输
2008 清单	050304006	石桌石凳	1. 石材种类 2. 基础形状、尺寸、埋设深度 3. 桌面形状、尺寸、支墩高度 4. 凳面形状、尺寸、支墩高度 5. 混凝土强度等级 6. 砂浆配合比	个	按设计图示数量计算	1. 土方挖运 2. 混凝土制作、运输、浇筑、振捣、养护 3. 桌凳制作 4. 砂浆制作、运输 5. 桌凳安砌

（2）清单工程量

项目编码：050305006；

项目名称：石桌石凳；

工程量计算规则：按设计图示数量计算。

根据图示可知该组石桌石凳共有 4 个石凳围绕 1 个石桌以四等分线位置定距排列。

（3）清单工程量计算表（表 3-64）

清单工程量计算表　　　　　　　表 3-64

序号	项目编码	项目名称	项目特征描述	计量单位	工程量
1	050305006001	石桌石凳	石凳如图 3-37 所示，自然石堆砌，表面用普通水泥进行剁斧石处理，3：7 灰土基础垫层，埋设深度 400mm	个	4
2	050305006002	石桌石凳	石桌如图 3-37 所示，自然石堆砌，表面用普通水泥进行剁斧石处理，3：7 灰土基础垫层，埋设深度 400mm	个	1

【例 33】 某绿地旁边安放有 "S" 形木制飞来椅，如图 3-38 所示，为防止木

材腐烂，在木材表面涂抹清漆进行防护，基础为厚 100mm 素混凝土材料，埋设深度为 450mm，其四周比支墩放宽 100mm，试求工程量。

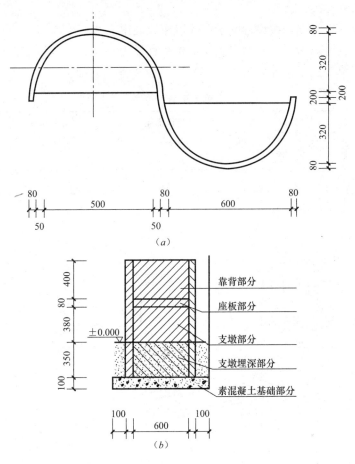

图 3-38 "S"形木制飞来椅构造示意图

(*a*) 平面图；(*b*) 剖面图

【解】 (1) 2013 清单与 2008 清单对照（表 3-65）

2013 清单与 2008 清单对照表   表 3-65

清单	项目编码	项目名称	项目特征	计算单位	工程量计算规则	工作内容
2013 清单	020511001	鹅颈靠背	1. 构件芯类形、式样 2. 构件高度 3. 木材品种 4. 框、芯截面尺寸 5. 雕刻的纹样 6. 防护材料种类、涂刷遍数	1. m² 2. m	1. 以平方米计量，按设计图示尺寸以面积计算 2. 以米计量，按设计图示长度以延长米计算	1. 框、芯、靠背制作 2. 雕刻 3. 安装 4. 刷防护材料
2008 清单	2008 清单中无此项内容，2013 清单中此项为新增加内容					

(2) 清单工程量

项目编码：020511001；

项目名称：鹅颈背靠；

工程量计算规则：按设计图示尺寸以座凳面中心线长度计算。

根据图示可知该题中木制飞来椅清单工程量为 $0.5 \times 2 = 1.00\text{m}$。

(3) 清单工程量计算表（表 3-66）

清单工程量计算表 表 3-66

项目编码	项目名称	项目特征描述	计量单位	工程量
020511001001	鹅颈背靠	"S" 形木制飞来椅 木材表面涂抹清漆防护	m	1.00

【例34】 某广场上布置有预制钢筋混凝土飞来椅，如图 3-39 所示，凳子座面用普通干黏石贴面，凳面下表面及凳腿用水泥抹面，试求工程量。

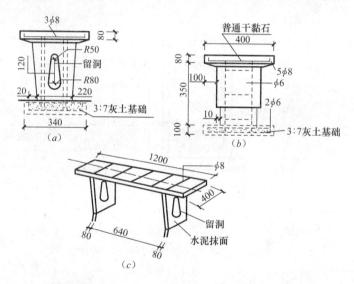

图 3-39 某广场钢筋混凝土飞来椅构造示意图

(a) 侧面图；(b) 剖面图；(c) 立面图

【解】 (1) 2013 清单与 2008 清单对照（表 3-67）

2013 清单与 2008 清单对照表 表 3-67

清单	项目编码	项目名称	项目特征	计算单位	工程量计算规则	工作内容
2013清单	050305001	预制钢筋混凝土飞来椅	1. 座凳面厚度、宽度 2. 靠背扶手截面 3. 靠背截面 4. 座凳楣子形状、尺寸 5. 混凝土强度等级 6. 砂浆配合比	m	按设计图示尺寸以座凳面中心线长度计算	1. 模板制作、运输、安装、拆除、保养 2. 混凝土制作、运输、浇筑、振捣、养护 3. 构件运输、安装 4. 砂浆制作、运输、抹面、养护 5. 接头灌缝、养护

续表

清单	项目编码	项目名称	项目特征	计算单位	工程量计算规则	工作内容
2008 清单	050304002	钢筋混凝土飞来椅	1. 座凳面厚度、宽度 2. 靠背扶手截面 3. 靠背截面 4. 座凳楣子形状、尺寸 5. 混凝土强度等级 6. 砂浆配合比 7. 油漆品种、刷油遍数	m	按设计图示尺寸以座凳面中心线长度计算	1. 混凝土制作、运输、浇筑、振捣、养护 2. 预制件运输、安装 3. 砂浆制作、运输、抹面、养护 4. 刷油漆

（2）清单工程量

项目编码：050305001；

项目名称：预制钢筋混凝土飞来椅；

工程量计算规则：按设计图示尺寸以凳面中心线长度计算。

根据图示可知本题的钢筋混凝土飞来椅的清单工程量为 1200mm。

（3）清单工程量计算表（表 3-68）

清单工程量计算表　　　　表 3-68

项目编码	项目名称	项目特征描述	计量单位	工程量
050305001001	预制钢筋混凝土飞来椅	钢筋混凝土飞来椅	m	1.20

3.6　杂　项

【例 35】　某景区草坪上零星点缀有以青白石为材料制作的石灯共有 26 个，石灯构造如图 3-40 所示。所用灯具均为 80W 普通白炽灯，混合料基础宽度比须弥座四周延长 100mm，试求工程量。

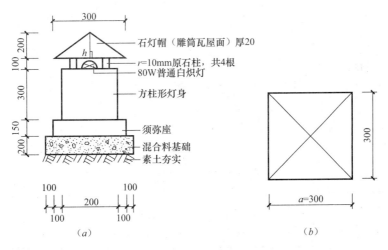

图 3-40　石灯示意图（一）

（a）石灯剖面构造图；（b）石灯帽平面构造图

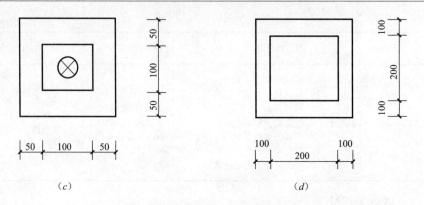

图 3-40　石灯示意图（二）

(c) 方锥形灯身平面构造图；(d) 须弥座平面构造图

【解】　(1) 2013 清单与 2008 清单对照（表 3-69）

2013 清单与 2008 清单对照表　　　　　　　　表 3-69

清单	项目编码	项目名称	项目特征	计算单位	工程量计算规则	工作内容
2013 清单	050307001	石灯	1. 石料种类 2. 石灯最大截面 3. 石灯高度 4. 砂浆配合比	个	按设计图示数量计算	1. 制作 2. 安装
2008 清单	050306001	石灯	1. 石料种类 2. 石灯最大截面 3. 石灯高度 4. 混凝土强度等级 5. 砂浆配合比	个	按设计图示数量计算	1. 土（石）方挖运 2. 混凝土制作、运输、浇筑、振捣、养护 3. 石灯制作、安装

(2) 清单工程量

项目编码：050307001；

项目名称：石灯；

工程量计算规则：按设计图示数量计算。

根据图示可知该题中石灯清单工程量为 26 个。

(3) 清单工程量计算表（表 3-70）

清单工程量计算表　　　　　　　　表 3-70

项目编码	项目名称	项目特征描述	计量单位	工程量
050307001001	石灯	均为 80W 普通白炽灯，以青白石为材料制安的石灯	个	26

【例 36】　如图 3-41 所示立体花坛，试求现浇混凝土工程量。

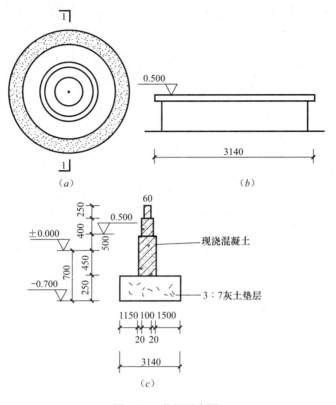

图 3-41　花坛示意图

(a) 平面图；(b) 立面图；(c) 1-1 剖面图

【解】　(1) 2013 清单与 2008 清单对照（表 3-71）

2013 清单与 2008 清单对照表　　　　　　　　表 3-71

清单	项目编码	项目名称	项目特征	计算单位	工程量计算规则	工作内容
2013 清单	050307014	花盆 （坛、箱）	1. 花盆（坛）的材质及类型 2. 规格尺寸 3. 混凝土强度等级 4. 砂浆配合比	个	按设计图示尺寸以数量计算	1. 制作 2. 运输 3. 安放
2008 清单	2008 清单中无此项内容，2013 清单中此项为新增加内容					

(2) 清单工程量

由题意及图示可知花坛清单工程量＝1 个。

 贴心助手

工程量清单计算规则按设计图示尺寸以数量计算。

（3）清单工程量计算表（表3-72）

清单工程量计算表 表3-72

项目编码	项目名称	项目特征描述	计量单位	工程量
050307014001	花盆（坛、箱）	现浇混凝土	个	1

【例37】 如图3-42所示，试求挖花池地坑工程量。

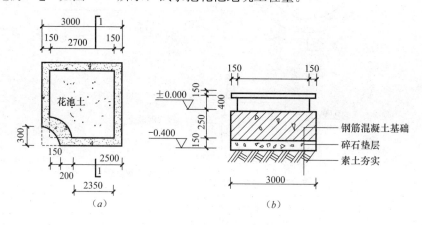

图3-42 花池示意图

（a）平面图；（b）1-1剖面图

【解】 （1）2013清单与2008清单对照（表3-73）

2013清单与2008清单对照表 表3-73

清单	项目编码	项目名称	项目特征	计算单位	工程量计算规则	工作内容
2013清单	010101004	挖基坑土方	1. 土壤类别 2. 挖土深度 3. 弃土运距	m³	按设计图示尺寸以基础垫层底面积乘以挖土深度计算	1. 排地表水 2. 土方开挖 3. 围护（挡土板）及拆除 4. 基底钎探 5. 运输
2008清单	010101003	挖基础土方	1. 土壤类别 2. 基础类别 3. 垫层底宽、底面积 4. 挖土深度 5. 弃土运距	m³	按设计图示尺寸以基础垫层底面积乘以挖土深度计算	1. 排地表水 2. 土方开挖 3. 挡土板支拆 4. 截桩头 5. 基底钎探 6. 运输

（2）清单工程量

$$S = \left(3 \times 3 - \frac{3.14 \times 0.3^2}{4}\right) \times 0.4$$

$$= (9 - 0.07) \times 0.4 = 3.57 \text{m}^3$$

 贴心助手

正方形花坛的面积（边长为3m）减去四分之一圆形的面积（半径为0.3m），再乘以挖深0.4m，得出挖方量。

计算挖花池地坑工程量时底面积应如图3-42（a）所示实线区为准，因此需要减去虚线部分的面积，即扇形的面积。

（3）清单工程量计算表（表 3-74）

清单工程量计算表　　　　　表 3-74

项目编码	项目名称	项目特征描述	计量单位	工程量
010101004001	挖基坑土方	垫层底宽 3.0m，底面积 8.93m²	m³	3.57

【例38】　如图 3-41 所示立体花坛，试求基础 3∶7 灰土垫层工程量。

【解】　（1）2013 清单与 2008 清单对照（表 3-75）

2013 清单与 2008 清单对照表　　　　　表 3-75

清单	项目编码	项目名称	项目特征	计量单位	工程量计算规则	工作内容
2013 清单	010404001	垫层	垫层材料种类、配合比、厚度	m³	按设计图示尺寸以立方米计算	1. 垫层材料的拌制 2. 垫层铺设 3. 材料运输
2008 清单		2008 清单中无此项内容，2013 清单中此项为新增加内容				

（2）清单工程量

$$V = \pi r^2 h = 3.14 \times \left(\frac{3.14}{2}\right)^2 \times 0.25 = 1.93 m^3$$

 贴心助手

垫层直径为 3.14m，则垫层面积可知，垫层厚度为 0.25m。则垫层的工程量可求得。

（3）清单工程量计算表（表 3-76）

清单工程量计算表　　　　　表 3-76

项目编码	项目名称	项目特征描述	计量单位	工程量
010404001001	垫层	3∶7 灰土垫层	m³	1.93

【例39】　如图 3-43 所示为一个六角花坛，各尺寸如图所示，试求花坛内填土方量、挖地坑土方量、花坛内壁抹灰工程量。

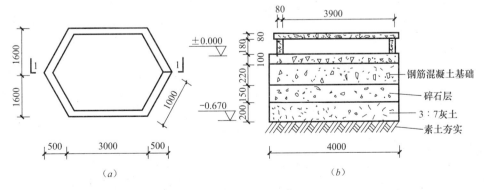

图 3-43　六角花坛示意图

（a）平面示意图；（b）1-1 剖面图

【解】 （1）2013清单与2008清单对照（表3-77）

2013清单与2008清单对照表　　　　　　表3-77

序号	清单	项目编码	项目名称	项目特征	计算单位	工程量计算规则	工作内容
1	2013清单	010103001	回填方	1. 密实度要求 2. 填方材料品种 3. 填方粒径要求 4. 填方来源、运距	m³	按设计图示尺寸以体积计算 1. 场地回填：回填面积乘平均回填厚度 2. 室内回填：主墙间面积乘回填厚度，不扣除间隔墙 3. 基础回填：按挖方清单项目工程量减去自然地坪以下埋设的基础体积（包括基础垫层及其他构筑物）	1. 运输 2. 回填 3. 压实
	2008清单	010103001	土（石）方回填	1. 土质要求 2. 密实度要求 3. 粒径要求 4. 夯填（碾压） 5. 松填 6. 运输距离	m³	按设计图示尺寸以体积计算 注：1. 场地回填：回填面积乘以平均回填厚度 2. 室内回填：主墙间净面积乘以回填厚度 3. 基础回填：挖方体积减去设计室外地坪以下埋设的基础体积（包括基础垫层及其他构筑物）	1. 挖土（石）方 2. 装卸、运输 3. 回填 4. 分层碾压、夯实
2	2013清单	010101004	挖基坑土方	1. 土壤类别 2. 挖土深度 3. 弃土运距	m³	按设计图示尺寸以基础垫层底面积乘以挖土深度计算	1. 排地表水 2. 土方开挖 3. 围护（挡土板）及拆除 4. 基底钎探 5. 运输
	2008清单	010101003	挖基础土方	1. 土壤类别 2. 基础类别 3. 垫层底宽、底面积 4. 挖土深度 5. 弃土运距	m³	按设计图示尺寸以基础垫层底面积乘以挖土深度计算	1. 排地表水 2. 土方开挖 3. 挡土板支拆 4. 截桩头 5. 基底钎探 6. 运输
3	2013清单	011203001	零星项目一般抹灰	1. 基层类型、部位 2. 底层厚度、砂浆配合比 3. 面层厚度、砂浆配合比 4. 装饰面材料种类 5. 分格缝宽度、材料种类	m²	按设计图示尺寸以面积计算	1. 基层清理 2. 砂浆制作、运输 3. 底层抹灰 4. 抹面层 5. 抹装饰面 6. 勾分格缝

续表

序号	清单	项目编码	项目名称	项目特征	计算单位	工程量计算规则	工作内容
3	2008清单	020203001	零星项目一般抹灰	1. 墙体类型 2. 底层厚度、砂浆配合比 3. 面层厚度、砂浆配合比 4. 装饰面材料种类 5. 分格缝宽度、材料种类	m^2	按设计图示尺寸以面积计算	1. 基层清理 2. 砂浆制作、运输 3. 底层抹灰 4. 抹面层 5. 抹装饰面 6. 勾分格缝

（2）清单工程量

1）花坛内填土方清单工程量：

$$(3\times3.2+3.2\times0.5)\times0.18=2.02m^3$$

 贴心助手

　　花坛的填土方量分为了两部分，以长 3200mm，宽 3000mm 的矩形和两边的两个三角形，因其边长为 1000mm，则三角形的高为 1000mm 的一半。由图 3-43（b）可知，填土厚度为 180mm。

2）挖地坑土方清单工程量：

$$(3\times3.2+3.2\times0.5)\times0.67=7.50m^3$$

 贴心助手

　　面积的计算方法与填土量相同，分矩形和两个三角形计（矩形长 3.2m，宽 3m。三角形长 3.2m，高 0.5m）。挖方从地平开始至标高－0.67，即挖方深为 0.67m。

3）花坛内壁抹灰清单工程量：

$$(1\times0.18\times4+3\times0.18\times2)=1.80m^2$$

 贴心助手

　　花坛内壁的面积分长 1000mm，高 180mm 的四个面和长 3000mm，高 180mm 的两个面，六个面的面积之和即为内壁的抹灰工程量。

（3）清单工程量计算表（表 3-78）

清单工程量计算表　　　　　表 3-78

序号	项目编码	项目名称	项目特征描述	计量单位	工程量
1	010103001001	回填方	松填	m^3	2.02
2	010101004001	挖基坑土方	挖土深 0.67m	m^3	7.50
3	011203001001	零星项目一般抹灰	花坛内壁抹灰	m^2	1.80

【例 40】　如图 3-44 所示为一水池示意图，试求平整场地工程量、挖土方工

程量、现浇混凝土工程量、池内壁贴面工程量（不包括底面）、素土夯实工程量（三类土）。

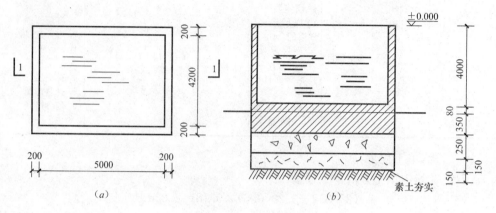

图 3-44 水池示意图

(a) 水池平面图；(b) 1-1 剖面图

【解】 (1) 2013 清单与 2008 清单对照（表 3-79）

2013 清单与 2008 清单对照表　　　　　　　　表 3-79

序号	清单	项目编码	项目名称	项目特征	计算单位	工程量计算规则	工作内容
1	2013 清单	010101001	平整场地	1. 土壤类别 2. 弃土运距 3. 取土运距	m²	按设计图示尺寸以建筑物首层建筑面积计算	1. 土方挖填 2. 场地找平 3. 运输
	2008 清单	010101001	平整场地	1. 土壤类别 2. 弃土运距 3. 取土运距	m²	按设计图示尺寸以建筑物首层面积计算	1. 土方挖填 2. 场地找平 3. 运输
2	2013 清单	010101002	挖一般土方	1. 土壤类别 2. 挖土深度 3. 弃土运距	m³	按设计图示尺寸以体积计算	1. 排地表水 2. 土方开挖 3. 围护（挡土板）及拆除 4. 基底钎探 5. 运输
	2008 清单	010101002	挖土方	1. 土壤类别 2. 挖土平均厚度 3. 弃土运距	m³	按设计图示尺寸以体积计算	1. 排地表水 2. 土方开挖 3. 挡土板支拆 4. 截桩头 5. 基底钎探 6. 运输
3	2013 清单	010507007	其他构件	1. 构件的类型 2. 构件规格 3. 部位 4. 混凝土种类 5. 混凝土强度等级	m³	1. 按设计图示尺寸以体积计算 2. 以座计量，按设计图示数量计算	1. 模板及支架（撑）制作、安装、拆除、堆放、运输及清理模内杂物、刷隔离剂等 2. 混凝土制作、运输、浇筑、振捣、养护

续表

序号	清单	项目编码	项目名称	项目特征	计算单位	工程量计算规则	工作内容
3	2008清单	010407001	其他构件	1. 构件的类型 2. 构件规格 3. 混凝土强度等级 4. 混凝土拌和料要求	m^3 (m^2、m)	按设计图示尺寸以体积计算。不扣除构件内钢筋、预埋铁件所占体积	混凝土制作、运输、浇筑、振捣、养护
4	2013清单	011108003	块料零星项目	1. 工程部位 2. 找平层厚度、砂浆配合比 3. 贴结合层厚度、材料种类 4. 面层材料品种、规格、颜色 5. 勾缝材料种类 6. 防护材料种类 7. 酸洗、打蜡要求	m^2	按设计图示尺寸以面积计算	1. 清理基层 2. 抹找平层 3. 面层铺贴、磨边 4. 勾缝 5. 刷防护材料 6. 酸洗、打蜡 7. 材料运输
	2008清单	020109003	块料零星项目	1. 工程部位 2. 找平层厚度、砂浆配合比 3. 贴结合层厚度、材料种类 4. 面层材料品种、规格、品牌、颜色 5. 勾缝材料种类 6. 防护材料种类 7. 酸洗、打蜡要求	m^2	按设计图示尺寸以面积计算	1. 清理基层 2. 抹找平层 3. 面层铺贴 4. 勾缝 5. 刷防护材料 6. 酸洗、打蜡 7. 材料运输
5	2013清单	010103001	回填方	1. 密实度要求 2. 填方材料品种 3. 填方粒径要求 4. 填方来源、运距	m^3	按设计图示尺寸以体积计算 1. 场地回填：回填面积乘以平均回填厚度 2. 室内回填：主墙间面积乘回填厚度，不扣除间隔墙 3. 基础回填：按挖方清单项目工程量减去自然地坪以下埋设的基础体积（包括基础垫层及其他构筑物）	1. 运输 2. 回填 3. 压实

续表

序号	清单	项目编码	项目名称	项目特征	计算单位	工程量计算规则	工作内容
5	2008清单	010103001	土（石）方回填	1. 土质要求 2. 密实度要求 3. 粒径要求 4. 夯填（碾压） 5. 松填 6. 运输距离	m³	按设计图示尺寸以体积计算 注：1. 场地回填：回填面积乘以平均回填厚度 2. 室内回填：主墙间净面积乘以回填厚度 3. 基础回填：挖方体积减去设计室外地坪以下埋设的基础体积（包括基础垫层及其他构筑物）	1. 挖土（石）方 2. 装卸、运输 3. 回填 4. 分层碾压、夯实

（2）清单工程量

1）平整场地工程量：

$$(5+0.2\times2)\times(4.2+0.2\times2)=24.84m^2$$

 贴心助手

水池长 $(5+0.2\times2)$m，宽为 $(4.2+0.2\times2)$m。则平整场地的工程量＝长×宽。

2）挖土方工程量：

$$(5+0.2\times2)\times(4.2+0.2\times2)\times(0.35+0.25+0.15+0.08+4)$$
$$=24.84\times4.83=119.98m^3$$

 贴心助手

如图，挖土长度为 $(5+0.2\times2)$m，宽度为 $(4.2+0.2\times2)$m，其中 0.2m 为池壁的宽度，地坪以下各部分之和为挖深，则挖土面积×挖土深度即为所求。

3）现浇混凝土工程量：

$$(5+0.2\times2)\times(4.2+0.2\times2)\times(0.35+0.08)+0.2\times(4.2+0.2\times2)\times2\times4$$
$$+5\times0.2\times2\times4$$
$$=5.4\times4.6\times0.43+0.2\times4.6\times8+8$$
$$=10.6812+7.36+8=26.04m^3$$

 贴心助手

水池长为 $(5+0.2\times2)$m，宽为 $(4.2+0.2\times2)$m，池底混凝土厚度为 $(0.35+0.08)$m，则池底工程量可知。池壁长边长度为 5m，宽度为 0.2m，两边，高度为 4m，则两道池壁工程量可知。短边长度为 $(4.2+0.2\times2)$m，宽度为 0.2m，高 4m，则另两道池壁工程量可知，现浇混凝土的体积为三部分之和。

4）池内壁贴面工程量（不包括底面）：

$$4×4.2×2+4×5×2＝33.6+40＝73.60m^2$$

 贴心助手

内壁长 5m，宽 4m，高 4m，共 4 个面，则贴面面积可求。

5）素土夯实工程量：

$$(5+0.2×2)×(4.2+0.2×2)×0.15＝5.4×4.6×0.15＝3.73m^3$$

 贴心助手

垫层长度为 (5+0.2×2)m，宽度为 (4.2+0.2×2)m，其中 0.2m 为池壁宽度，素土夯实的厚度为 0.15m，则体积可知。

（3）清单工程量计算表（表3-80）

清单工程量计算表　　　　　　　　　　　表 3-80

序号	项目编码	项目名称	项目特征描述	计量单位	工程量
1	010101001001	平整场地	三类土	m^2	24.84
2	010101002001	挖一般土方	三类土，挖土深4.78m	m^3	119.98
3	010507007001	其他构件	底面积为24.84m^2	m^3	26.04
4	011108003001	块料零星项目	水池内壁（不包括底面）	m^2	73.60
5	010103001001	回填方	夯填	m^3	3.73

【例 41】 某高树池，树池壁高为 42cm，宽为 15cm，树池为圆式树池，外直径为 2m，如图 3-45、图 3-46 所示，试求其工程量。

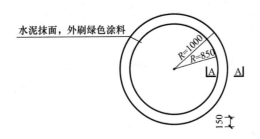

图 3-45　高树池平面图

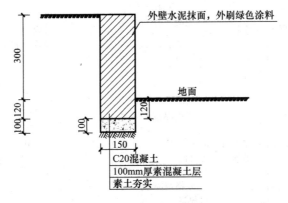

图 3-46　A-A树池剖面图

【解】 （1）2013 清单与 2008 清单对照（表 3-81）

2013 清单与 2008 清单对照表 表 3-81

序号	清单	项目编码	项目名称	项目特征	计算单位	工程量计算规则	工作内容
1	2013清单	010101001	平整场地	1. 土壤类别 2. 弃土运距 3. 取土运距	m²	按设计图示尺寸以建筑物首层建筑面积计算	1. 土方挖填 2. 场地找平 3. 运输
	2008清单	010101001	平整场地	1. 土壤类别 2. 弃土运距 3. 取土运距	m²	按设计图示尺寸以建筑物首层面积计算	1. 土方挖填 2. 场地找平 3. 运输
2	2013清单	010101004	挖基坑土方	1. 土壤类别 2. 挖土深度 3. 弃土运距	m³	按设计图示尺寸以基础垫层底面积乘以挖土深度计算	1. 排地表水 2. 土方开挖 3. 围护（挡土板）及拆除 4. 基底钎探 5. 运输
	2008清单	010101003	挖基础土方	1. 土壤类别 2. 基础类别 3. 垫层底宽、底面积 4. 挖土深度 5. 弃土运距	m³	按设计图示尺寸以基础垫层底面积乘以挖土深度计算。	1. 排地表水 2. 土方开挖 3. 挡土板支拆 4. 截桩头 5. 基底钎探 6. 运输
3	2013清单	010501001	垫层	1. 混凝土种类 2. 混凝土强度等级	m³	按设计图示尺寸以体积计算。不扣除伸入承台基础的桩头所占体积	1. 模板及支撑制作、安装、拆除、堆放、运输及清理模内杂物、刷隔离剂等 2. 混凝土制作、运输、浇筑、振捣、养护
	2008清单	010401006	垫层	1. 混凝土强度等级 2. 混凝土拌和料要求 3. 砂浆强度等级	m³	按设计图示尺寸以体积计算。不扣除构件内钢筋、预埋铁件和伸入承台基础的桩头所占体积	1. 混凝土制作、运输、浇筑、振捣、养护 2. 地脚螺栓二次灌浆
4	2013清单	011203001	零星项目一般抹灰	1. 基层类型、部位 2. 底层厚度、砂浆配合比 3. 面层厚度、砂浆配合比 4. 装饰面材料种类 5. 分格缝宽度、材料种类	m²	按设计图示尺寸以面积计算	1. 基层清理 2. 砂浆制作、运输 3. 底层抹灰 4. 抹面层 5. 抹装饰面 6. 勾分格缝

续表

序号	清单	项目编码	项目名称	项目特征	计算单位	工程量计算规则	工作内容
4	2008清单	020203001	零星项目一般抹灰	1. 墙体类型 2. 底层厚度、砂浆配合比 3. 面层厚度、砂浆配合比 4. 装饰面材料种类 5. 分格缝宽度、材料种类	m²	按设计图示尺寸以面积计算	1. 基层清理 2. 砂浆制作、运输 3. 底层抹灰 4. 抹面层 5. 抹装饰面 6. 勾分格缝
5	2013清单	011407001	墙面喷刷涂料	1. 基层类型 2. 喷刷涂料部位 3. 腻子种类 4. 刮腻子要求 5. 涂料品种、喷刷遍数	m²	按设计图示尺寸以面积计算	1. 基层清理 2. 刮腻子 3. 刷、喷涂料
	2008清单	020507001	刷喷涂料	1. 基层类型 2. 腻子种类 3. 刮腻子要求 4. 涂料品种、刷喷遍数	m²	按设计图示尺寸以面积计算	1. 基层清理 2. 刮腻子 3. 刷、喷涂料

（2）清单工程量

1）平整场地：

$$S = \pi R^2 = 3.14 \times 1^2 = 3.14 \text{m}^2$$

2）人工挖地槽：

$$V = \pi R^2 \times 高 = 3.14 \times (1^2 - 0.85^2) \times (0.1 + 0.12) = 0.19 \text{m}^3$$

 贴心助手

树池外径为 1m，内径为 0.85m。则挖地槽面积即为大圆面积减去小圆面积剩余的环形面积，挖槽深度为（0.1+0.12）m。则挖地槽工程量＝环形面积×高度。

3）素混凝土基础垫层：

$$V = \pi R^2 \times 高 = 3.14 \times (1^2 - 0.85^2) \times 0.10 = 0.09 \text{m}^3$$

 贴心助手

环形面积已知，素混凝土垫层厚度为 0.1m，则素混凝土基础垫层的体积可知。

4）混凝土池壁：

$$V = \pi R^2 \times 高 = 3.14 \times (1^2 - 0.85^2) \times (0.12 + 0.3) = 0.38 \text{m}^3$$

 贴心助手

环形面积已知，混凝土池壁的高度为（0.12+0.3）m，则混凝土池壁的体积＝环形面积×高度。

5）水泥抹面：

$$S= 2\pi R \times 高 + \pi(R_1^2 - R_2^2)$$
$$= 2 \times 3.14 \times 1 \times 0.3 + 3.14 \times (1^2 - 0.85^2)$$
$$= 2.76m^2$$

 贴心助手

花坛外半径为 1m，则周长可知，花坛高度为 0.3m，外侧侧面积可求。花坛上表面环形面积为外圆减去内圆所得，则水泥抹面面积可求。

6）外刷绿色涂料：

$$S= 2\pi R \times 高 + \pi(R_1^2 - R_2^2)$$
$$= 2 \times 3.14 \times 1 \times 0.3 + 3.14 \times (1^2 - 0.85^2)$$
$$= 2.76m^2$$

 贴心助手

刷绿色涂料的工程量同水泥抹面的工程量。

（3）清单工程量计算表（表 3-82）

清单工程量计算表 表 3-82

序号	项目编码	项目名称	项目特征描述	计量单位	工程量
1	010101001001	平整场地	三类土	m²	3.14
2	010101004001	挖基坑土方	独立图形基础，挖土深 0.22m	m³	0.19
3	010501001001	垫层	素混凝土基础垫层	m³	0.09
4	011203001001	零星项目一般抹灰	树池壁	m²	2.76
5	011407001001	墙面喷刷涂料	刷绿色涂料	m²	2.76

【例 42】 某庭院内有一长方形花架供人们休息观赏，花架柱、梁全为长方形，柱、梁为砖砌，外面用水泥抹面，再用水泥砂浆找平，最后水泥砂浆粉饰出树皮外形，水泥厚为 0.05m，水泥抹面厚 0.03m，水泥砂浆找平层厚 0.01m。花架柱高 3m，截面长 0.6m，宽 0.4m，花架横梁每根长 1.5m，截面长 0.3m，宽 0.3m，纵梁长 13m，截面长 0.3m，宽 0.3m，花架柱埋入地下 0.5m，所挖坑的长、宽都比柱的截面的长、宽各多出 0.1m，柱下为 25mm 厚 1:3 白灰砂浆，150mm 厚 3:7 灰土，200mm 厚砂垫层，素土夯实。试求其工程量（图 3-47）。

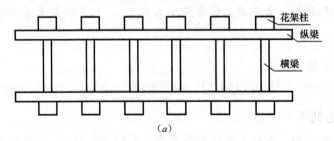

（a）

图 3-47 花架示意图（一）

（a）平面图

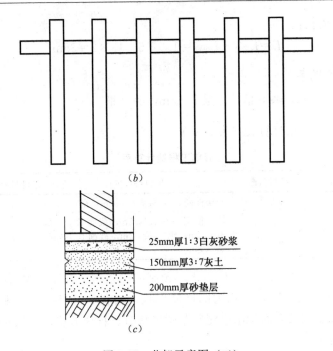

图 3-47　花架示意图（二）

(b) 立面图；(c) 垫层剖面图

【解】　(1) 2013 清单与 2008 清单对照表（表 3-83）

2013 清单与 2008 清单对照表　　　　　表 3-83

清单	项目编码	项目名称	项目特征	计算单位	工程量计算规则	工作内容
2013 清单	050307004	塑树皮梁、柱	1. 塑树种类 2. 塑竹种类 3. 砂浆配合比 4. 喷字规格、颜色 5. 油漆品种、颜色	1. m² 2. m	1. 以平方米计量，按设计图示尺寸以梁柱外表面积计算 2. 以米计量，按设计图示尺寸以构件长度计算	1. 灰塑 2. 刷涂颜料
2008 清单	050306003	塑树皮梁、柱	1. 塑树种类 2. 塑竹种类 3. 砂浆配合比 4. 喷字规格、颜色 5. 油漆品种、颜色	m² (m)	按设计图示尺寸以梁柱外表面积计算或以构件长度计算	1. 灰塑 2. 刷涂颜料

(2) 清单工程量

项目编码：050307004；

项目名称：塑树皮梁、柱；

工程量计算规则：按设计图示尺寸以梁柱外表面积计算或以构件长度计算。

1) 花架柱长：

$$L = 3 \times 12 = 36 \text{m}$$

　贴心助手

花架柱高 3m，共 12 根。

2）花架梁长：

$$L = L_{横梁} + L_{纵梁} = 1.5 \times 6 + 13 \times 2 = 35\text{m}$$

 贴心助手

横梁长 1.5m，共 6 根。纵梁长 13m，共 2 根。

（3）清单工程量计算表（表 3-84）

清单工程量计算表 表 3-84

序号	项目编码	项目名称	项目特征描述	计量单位	工程量
1	050307004001	塑树皮梁、柱	花架柱高 3m，截面长 0.6m，宽 0.4m	m	36.00
2	050307004002	塑树皮梁、柱	花架横梁每根长 1.5m，截面长 0.3m，宽 0.3m，纵梁长 13m，截面长 0.3m，宽 0.3m	m	35.00

【例 43】 某植物园内有一座以现场预制的檩条钢筋混凝土模板搭建的廊架，如图 3-48 所示。已知梁、柱均为圆柱体形状，共有 18 根柱子，3 根横梁，6 根斜梁，梁、柱、檩条表面均用水泥砂浆塑出竹节、竹片形状，廊顶用翠绿色瓦盖顶，试求工程量。

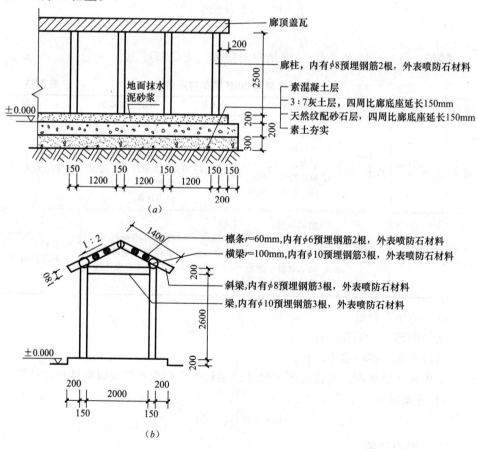

图 3-48 某植物园廊架构造示意图

（a）廊架立面图；（b）廊架剖面图

【解】　(1) 2013 清单与 2008 清单对照（表 3-85）

2013 清单与 2008 清单对照表　　　　　　　　　　　表 3-85

清单	项目编码	项目名称	项目特征	计算单位	工程量计算规则	工作内容
2013 清单	050307005	塑竹梁、柱	1. 塑树种类 2. 塑竹种类 3. 砂浆配合比 4. 喷字规格、颜色 5. 油漆品种、颜色	1. m² 2. m	1. 以平方米计量，按设计图示尺寸以梁柱外表面积计算 2. 以米计量，按设计图示尺寸以构件长度计算	1. 灰塑 2. 刷涂颜料
2008 清单	050306004	塑竹梁、柱	1. 塑树种类 2. 塑竹种类 3. 砂浆配合比 4. 颜料品种、颜色	m²（m）	按设计图示尺寸以梁柱外表面积计算或以构件长度计算	1. 灰塑 2. 刷涂颜料

(2) 清单工程量

项目编码：050307005；

项目名称：塑竹梁、柱；

工程量计算规则：按设计图示尺寸以梁柱外表面积或以构件长度计算。

梁共有 3 根横梁、6 根斜梁组成。

$$工程量(S_1) = 横梁外表面所占面积 + 斜梁外表面所占面积$$

$$根据图示计算廊架长度 = 0.2 \times 2 + 0.15 \times \frac{18}{2} + 1.2 \times (9-1)$$

$$= 0.4 + 1.35 + 9.6$$

$$= 11.35m\left(因为廊架分两面，则一面有\frac{18}{2} = 9 根柱子\right)$$

贴心助手

共 18 根柱子，一侧 9 根，则柱子中间的间距之和为 (9−1)×1.2m，柱子直径为 0.15m，柱子所占长度为 0.15×9m。两端各挑出 0.2m 的长度。则廊架的长度为 (0.15×9+(9−1)×1.2+0.2×2) m。

横梁长度等于廊架长度：

$$S_1 = 3.14 \times 0.1 \times 2 \times 11.35 \times 3 + 3.14 \times 0.18 \times 1.4 \times 4$$

$$+ 3.14 \times 0.2 \times 2 \times 2$$

$$= 7.1278 \times 3 + 0.7913 \times 4 + 1.256 \times 2$$

$$= 21.383 + 3.1652 + 2.512$$

$$= 27.06m^2$$

贴心助手

横梁半径为 0.1m，则周长可知，长度等于廊架长度 11.35m，周长×长度，横梁的侧面面积可求，共 3 根横梁。斜梁的直径为 0.18m，长度为 1.4m，共 4 根，斜梁侧面面积可知。柱子之间梁的高为 0.2m，长 2m，共 2 根。则梁所有的面积可知。

柱子高 2.5m，共有 18 根。

工程量 (S_2) ＝ 柱子的底面周长×柱高（即求出柱子模板所占面积）×根数

$$= 3.14 \times 0.15 \times 2.5 \times 18 = 1.1775 \times 18 = 21.20m^2$$

 贴心助手

柱子的直径为 0.15m，周长可知，高度为 2.5m，侧面积可知，共 18 根柱子，则总的侧面积可知。

檩条共有 4 根，长度等于廊架长度为 11.35m。

工程量 (S_3) ＝ 檩条的底面周长×檩条长度×根数（即求出檩条所占面积）

$$S_3 = 3.14 \times 0.06 \times 2 \times 11.35 \times 4 = 4.2767 \times 4 = 17.11m^2$$

 贴心助手

檩条的半径为 0.06m，周长可计算，长度为 11.35m，侧面积可知，共 4 根，则檩条总的侧面积可求。

（3）清单工程量计算表（表 3-86）

清单工程量计算表　　　　　　　　　　表 3-86

序号	项目编码	项目名称	项目特征描述	计量单位	工程量
1	050307005001	塑竹梁、柱	圆柱形，3 根横梁，6 根斜梁，水泥砂浆塑出竹节，竹片，如图 3-48 所示	m²	27.06
2	050307005002	塑竹梁、柱	18 根圆柱形柱子，水泥砂浆塑出竹节，竹片，如图 3-48 所示	m²	21.20
3	050307005003	塑竹梁、柱	水泥砂浆塑出竹节，竹片，共 4 根檩条	m²	17.11

【例 44】　某景区内矩形花坛构造如图 3-49 所示，已知花坛外围延长为 4.24m×3.44m，花坛边缘有用铁件制作安装的栏杆，高 20cm，已知铁栏杆 6.3kg/m²，花坛用砖砌墙且表面涂防锈漆一道，调和漆两道，试求工程量。

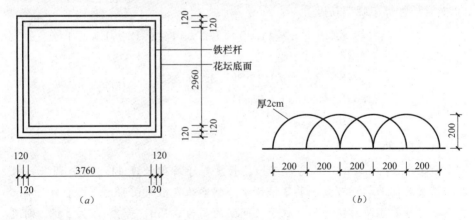

图 3-49　矩形花坛（一）

(a) 花坛平面构造示意图；(b) 栏杆构造示意图

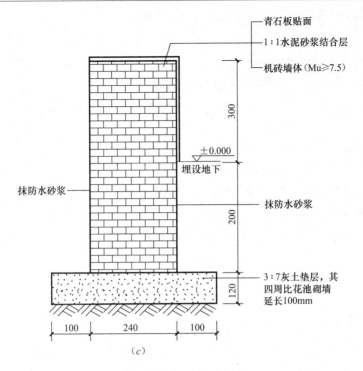

图 3-49　矩形花坛（二）

（c）花坛砌体结构示意图

【解】　（1）2013 清单与 2008 清单对照（表 3-87）

2013 清单与 2008 清单对照表　　　表 3-87

序号	清单	项目编码	项目名称	项目特征	计算单位	工程量计算规则	工作内容
1	2013 清单	050307006	铁艺栏杆	1. 铁艺栏杆高度 2. 铁艺栏杆单位长度重量 3. 防护材料种类	m	按设计图示尺寸以长度计算	1. 铁艺栏杆安装 2. 刷防护材料
	2008 清单	050306005	花坛铁艺栏杆	1. 铁艺栏杆高度 2. 铁艺栏杆单位长度重量 3. 防护材料种类	m	按设计图示尺寸以长度计算	1. 铁艺栏杆安装 2. 刷防护材料
2	2013 清单	050307018	砖石砌小摆设	1. 砖种类、规格 2. 石种类、规格 3. 砂浆强度等级、配合比 4. 石表面加工要求 5. 勾缝要求	1. m³ 2. 个	1. 以立方米计量，按设计图示尺寸以体积计算 2. 以个计量，按设计图示尺寸以数量计算	1. 砂浆制作、运输 2. 砌砖、石 3. 抹面、养护 4. 勾缝 5. 石表面加工
	2008 清单	050306009	砖石砌小摆设	1. 砖种类、规格 2. 石种类、规格 3. 砂浆强度等级、配合比 4. 石表面加工要求 5. 勾缝要求	m³（个）	按设计图示尺寸以体积计算或以数量计算	1. 砂浆制作、运输 2. 砌砖、石 3. 抹面、养护 4. 勾缝 5. 石表面加工

（2）清单工程量

1）项目编码：050307006；

项目名称：铁艺栏杆；

工程量计算规则：按设计图示尺寸以长度计算。

根据图示可知花坛安装铁艺栏杆的规格为 4m×3.2m，则总长度＝4×2＋3.2×2＝14.4m，栏杆高度为 0.2m。

2）项目编码：050307018；

项目名称：砖石砌小摆设；

工程量计算规则：按设计图示尺寸以体积计算或以数量计算。

$$
\begin{aligned}
花坛砖砌墙的工程量 &= 砖墙砌筑底面积×高 \\
&= 4.24×0.24×(0.3+0.2)×2+(3.44-0.24×2) \\
&\quad ×0.24×(0.3+0.2)×2 \\
&= 0.5088×2+0.355×2 \\
&= 1.0176+0.71=1.73m^3
\end{aligned}
$$

 贴心助手

（3.44－0.24×2）是指花坛短边减去花坛长边已经砌过的两端各 240 的墙厚，避免重复砌筑。

（3）清单工程量计算表（表 3-88）

清单工程量计算表　　　　　　　　表 3-88

序号	项目编码	项目名称	项目特征描述	计量单位	工程量
1	050307006001	铁艺栏杆	4m×3.2m，高 0.2m	m	14.40
2	050307018001	砖石砌小摆设	机砖砌筑无空花围墙	m³	1.73

【例 45】　某桥边缘设有铁艺栏杆，扶手和青白石罗汉栏板桥尽头两边还设有 4 个撑鼓石。扶手长 70m，宽 20cm，栏杆每根高 1.2m，长 15cm，宽 15cm，共 51 根，栏板每段长 1.2m，扶手高 0.4m，抱鼓石每个高 75cm，长 80cm，宽 50cm，试求工程量（图 3-50）。

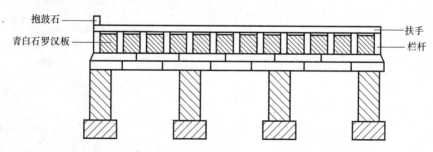

图 3-50　某桥栏杆部分立面图

【解】　（1）2013 清单与 2008 清单对照（表 3-89）

2013 清单与 2008 清单对照表　　　　　　　　　　　　　表 3-89

序号	清单	项目编码	项目名称	项目特征	计算单位	工程量计算规则	工作内容
1	2013 清单	050307006	铁艺栏杆	1. 铁艺栏杆高度 2. 铁艺栏杆单位长度重量 3. 防护材料种类	m	按设计图示尺寸以长度计算	1. 铁艺栏杆安装 2. 刷防护材料
	2008 清单	050306005	花坛铁艺栏杆	1. 铁艺栏杆高度 2. 铁艺栏杆单位长度重量 3. 防护材料种类	m	按设计图示尺寸以长度计算	1. 铁艺栏杆安装 2. 刷防护材料
2	2013 清单	020202004	栏板	1. 石料种类、构件规格、构件式样 2. 石表面加工要求及等级 3. 雕刻种类、形式 4. 勾缝要求 5. 砂浆强度等级	1. m 2. m² 3. 块	1. 以米计量，按石料断面分别以延长米计算 2. 以平方米计量，按设计图示尺寸以面积计算 3. 以块计量，按设计图示尺寸以数量计算	1. 选料、放样、开料 2. 石构件制作 3. 石构件雕刻 4. 吊装 5. 运输 6. 铺砂浆 7. 安装、校正、修正缝口、固定
	2008 清单	050201015	栏板、撑鼓	1. 石料种类、规格 2. 栏板、撑鼓雕刻要求 3. 勾缝要求 4. 砂浆配合比	块/m²	按设计图示数量或面积计算	1. 石料加工 2. 栏板、撑鼓雕刻 3. 栏板、撑鼓安装 4. 勾缝
3	2013 清单	020202005	抱鼓石	1. 石料种类、构件规格、构件式样 2. 石表面加工要求及等级 3. 雕刻种类、深度、面积 4. 砂浆强度等级	只	按设计图示尺寸以数量计算	1. 选料、放样、开料 2. 石构件制作 3. 石构件雕刻 4. 吊装 5. 运输 6. 铺砂浆 7. 安装、校正、修正缝口、固定
	2008 清单	050201015	栏板、撑鼓	1. 石料种类、规格 2. 栏板、撑鼓雕刻要求 3. 勾缝要求 4. 砂浆配合比	块/m²	按设计图示数量或面积计算	1. 石料加工 2. 栏板、撑鼓雕刻 3. 栏板、撑鼓安装 4. 勾缝

（2）清单工程量

1）栏杆长度

$$L = 每根栏杆的长度 \times 根数 = 0.15 \times 51 = 7.65 \mathrm{m}$$

扶手长度：$L = 70\mathrm{m}$。

2）栏板

$$栏板的块数 = （桥长 － 栏杆总长度）/ 每块栏板长度$$
$$= (70 － 7.65)/1.2$$
$$= 52 块$$

抱鼓石：4 块。

（3）清单工程量计算表（表 3-90）

清单工程量计算表   表 3-90

序号	项目编码	项目名称	项目特征描述	计量单位	工程量
1	050307006001	铁艺栏杆	扶手长 70m，宽 20cm	m	70.00
2	050307006002	铁艺栏杆	栏杆每根高 1.2m，长 15cm，宽 15cm，共 51 根	m	7.65
3	020202004001	栏板	青白石罗汉栏板每段长 1.2m	块	52
4	020202005001	抱鼓石	抱鼓石每个高 75cm，长 80cm，宽 50cm	只	4

【例 46】 某植物园入口处有一个以红杉木为材料制作的导游牌，如图 3-51

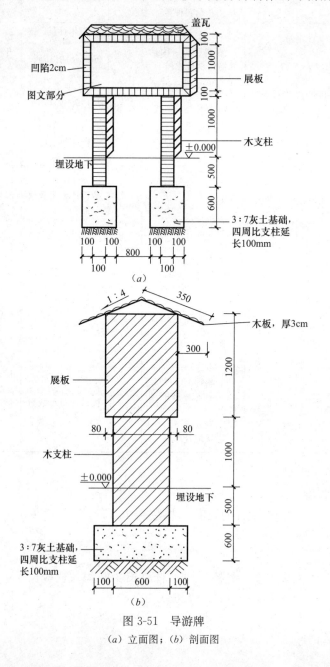

图 3-51　导游牌

（a）立面图；（b）剖面图

所示，木材表面涂防护材料，导游牌顶搭木板并盖瓦，导游牌上图文以喷燃方式处理，试求工程量。

【解】（1）2013清单与2008清单对照（表3-91）

2013清单与2008清单对照表 **表3-91**

清单	项目编码	项目名称	项目特征	计算单位	工程量计算规则	工作内容
2013清单	050307009	标志牌	1. 材料种类、规格 2. 镌字规格、种类 3. 喷字规格、颜色 4. 油漆品种、颜色	个	按设计图示数量计算	1. 选料 2. 标志牌制作 3. 雕凿 4. 镌字、喷字 5. 运输、安装 6. 刷油漆
2008清单	050306006	标志牌	1. 材料种类、规格 2. 镌字规格、种类 3. 喷字规格、颜色 4. 油漆品种、颜色	个	按设计图示数量计算	1. 选料 2. 标志牌制作 3. 雕凿 4. 镌字、喷字 5. 运输、安装 6. 刷油漆

✲解题思路及技巧

园林标志牌是园林中极为常见而且也最易引人注意的指标性标识或宣教设施，小到指路标识，大到宣传牌、宣传廊等，均可吸引人们视线。一般都以提供简明信息为目的，因此其位置常设在园林入口，景区交界等地段，标志牌的制作方式应结合周围环境及用途来确定，它有着多样化的表现方式。

（2）清单工程量

项目编码：050307009；

项目名称：标志牌；

工程量计算规则：按设计图示数量计算。

导游牌1个（已知条件）。

（3）清单工程量计算表（表3-92）

清单工程量计算表 **表3-92**

项目编码	项目名称	项目特征描述	计量单位	工程量
050307009001	标志牌	木红杉导游牌，木材表面喷涂防护材料，顶搭木板并盖瓦，图文以喷燃方式处理	个	1

【例47】 某牡丹园一处景墙是以大理石为材料加工雕刻的牡丹花图案，浮雕种类为平浮雕，整个浮雕边长为2m×1.5m，四周挂贴水刷石（美术），下面用砖砌基础支撑着浮雕，砖砌体表面用灰面白水泥浆涂抹，试求工程量（图3-52）。

【解】（1）2013清单与2008清单对照（表3-93）

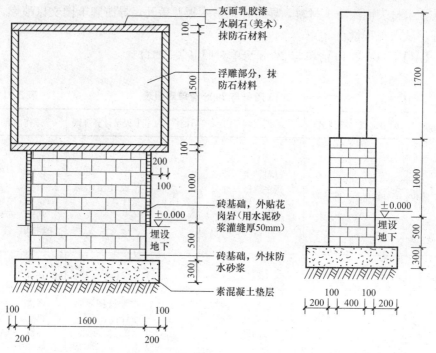

图 3-52　某牡丹园景区构造示意图

2013 清单与 2008 清单对照表　　　　　　表 3-93

清单	项目编码	项目名称	项目特征	计算单位	工程量计算规则	工作内容
2013 清单	020207001	石浮雕	1. 材料种类、规格 2. 镌字规格、种类 3. 喷字规格、颜色 4. 油漆品种、颜色	m^2	按设计图示尺寸以雕刻底板外框面积计算	1. 选料、开料、放样、洗涤、修补、造型保护 2. 石构件制作 3. 石构件雕刻 4. 吊装 5. 运输 6. 铺砂浆 7. 安装、校正、修正、缝口、固定
2008 清单	050306007	石浮雕	1. 石料种类 2. 浮雕种类 3. 防护材料种类	m^2	按设计图示尺寸以雕刻部分外接矩形面积计算	1. 放样 2. 雕琢 3. 刷防护材料

（2）清单工程量

项目编码：020207001；

项目名称：石浮雕；

工程量计算规则：按设计图示尺寸以雕刻底板外框面积计算。

大理石浮雕花纹面积＝浮雕部分的长度×宽度

$$＝(2+0.1×2)×(1.5+0.1×2)＝3.74m^2$$

（3）清单工程量计算表（表 3-94）

清单工程量计算表　　　　　　表 3-94

项目编码	项目名称	项目特征描述	计量单位	工程量
020207001001	石浮雕	大理石材料加工雕刻牡丹花图案，为平浮雕	m^2	3.74

【例48】   某公园的匾额用青白石为材料制成，上面雕刻有"××公园"四个石镌字，镌字为阳文，构造如图 3-53 所示，试求工程量。

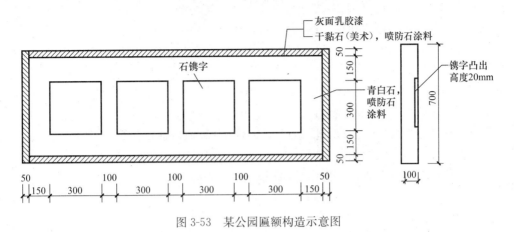

图 3-53   某公园匾额构造示意图

【解】   （1）2013 清单与 2008 清单对照（表 3-95）

2013 清单与 2008 清单对照表   表 3-95

序号	清单	项目编码	项目名称	项目特征	计算单位	工程量计算规则	工作内容
1	2013 清单	020207002	石板镌字	1. 石材种类、构件规格 2. 石表面加工要求及等级 3. 镌字式样、凹凸、深度、面积 4. 安装方式 5. 砂浆强度等级	1. m² 2. 个	1. 以平方米计量，按设计图示尺寸以镌字底板外框面积计算 2. 以个计量，按设计图示尺寸镌字大小以镌字数量计算	1. 选料、放样、开料 2. 石构件制作 3. 石构件雕刻 4. 吊装 5. 运输 6. 铺砂浆 7. 安装、校正、修正缝口、固定
	2008 清单	050306008	石镌字	1. 石料种类 2. 镌字种类 3. 镌字规格 4. 防护材料种类	个	按设计图示数量计算	1. 放样 2. 雕琢 3. 刷防护材料
2	2013 清单	050307018	砖石砌小摆设	1. 砖种类、规格 2. 石种类、规格 3. 砂浆强度等级、配合比 4. 石表面加工要求 5. 勾缝要求	1. m³ 2. 个	1. 以立方米计量，按设计图示尺寸以体积计算 2. 以个计量，按设计图示尺寸以数量计算	1. 砂浆制作、运输 2. 砌砖、石 3. 抹面、养护 4. 勾缝 5. 石表面加工
	2008 清单	050306009	砖石砌小摆设	1. 砖种类、规格 2. 石种类、规格 3. 砂浆强度等级、配合比 4. 石表面加工要求 5. 勾缝要求	m³（个）	按设计图示尺寸以体积计算或以数量计算	1. 砂浆制作、运输 2. 砌砖、石 3. 抹面、养护 4. 勾缝 5. 石表面加工

（2）清单工程量

1）项目编码：020207002；

项目名称：石板镌字；

工程量计算规则：按设计图示数量计算。

已知共有石镌字 4 个，镌字为阳文，其规格为 30cm×30cm，镌字凸出高度为 2cm。

2）项目编码：050307018；

项目名称：砖石砌小摆设；

工程量计算规则：按设计图示尺寸以体积计算或以数量计算。

用青白石制作的匾额，青白石板面积＝1.9×0.7＝1.33m²

所用青白石的工程量＝青白石面积×厚度

$$=1.33×0.1=0.13m^3$$

或其工程量为一个。

（3）清单工程量计算表（表 3-96）

清单工程量计算表 　　　　　　　　　　　　　表 3-96

序　号	项目编码	项目名称	项目特征描述	计量单位	工程量
1	020207002001	石板镌字	阳文，规格 30cm×300cm，凸出高度为 2cm	个	4
2	050307018001	砖石砌小摆设	青白石制作的匾额	m³（个）	0.13（1）

【例49】 某工程计划砌 3 个圆形砖水池，如图 3-54 所示，砖水池示意图，试求其工程量。

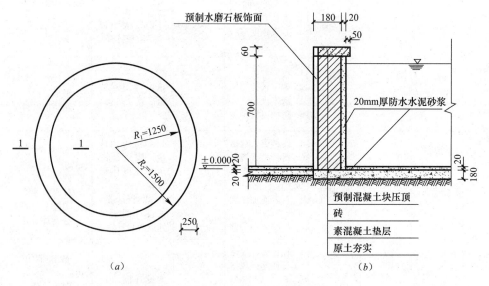

图 3-54　砖水池示意图

(a) 平面图；(b) 1-1 剖面图

【解】 （1）2013 清单与 2008 清单对照（表 3-97）

2013 清单与 2008 清单对照表   表 3-97

清单	项目编码	项目名称	项目特征	计算单位	工程量计算规则	工作内容
2013 清单	050307020	柔性水池	1. 水池深度 2. 防水（漏）材料品种	m²	按设计图示尺寸以水平投影面积计算	1. 清理基层 2. 材料裁接 3. 铺设
2008 清单	2008 清单中无此项内容，2013 清单中此项为新增加内容					

（2）清单工程量

项目编码：050307020；

项目名称：柔性水池；

工程量清单计算规则：按设计图示尺寸以水平投影面积计算。

砖水池为 3 座（由题意可知）。

砖水池的清单工程量：

$$S = \pi R_2^2 \times 3$$
$$= 3.14 \times 1.5^2 \times 3$$
$$= 7.065 \times 3$$
$$= 21.20 \text{m}^2$$

（3）清单工程量计算表（表 3-98）

清单工程量计算表   表 3-98

项目编码	项目名称	项目特征描述	计量单位	工程量
050307020001	柔性水池	圆形水池，素混凝土垫层厚 180mm 20mm 厚防水水泥砂浆抹面	m²	21.20

【例 50】 如图 3-55、图 3-56 所示，毛石水池示意图，该水池为长方形，长 3m，宽 2m，试求其工程量。

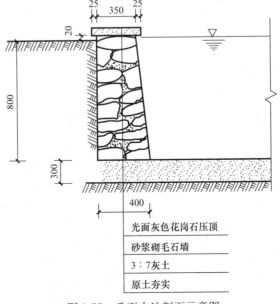

图 3-55 毛石水池剖面示意图

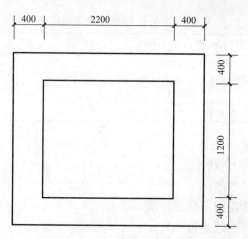

图 3-56 毛石水池平面图

【解】 （1）2013 清单与 2008 清单对照（表 3-99）

2013 清单与 2008 清单对照表　　　表 3-99

清单	项目编码	项目名称	项目特征	计算单位	工程量计算规则	工作内容
2013 清单	050307020	柔性水池	1. 水池深度 2. 防水（漏）材料品种	m²	按设计图示尺寸以水平投影面积计算	1. 清理基层 2. 材料裁接 3. 铺设
2008 清单	2008 清单中无此项内容，2013 清单中此项为新增加内容					

（2）清单工程量

毛石水池清单工程量计算规则：按设计图示尺寸以水平投影面积计算。

毛石水池清单工程量：

$$S = 长 × 宽$$
$$= (2.2+0.4×2)+(1.2+0.4×2)$$
$$= 3×2$$
$$= 6m²$$

（3）清单工程量计算表（表 3-100）

清单工程量计算表　　　表 3-100

项目编码	项目名称	项目特征描述	计量单位	工程量
050307020001	柔性水池	方形毛石水池，3:7 灰土垫层厚 300mm	m²	6.00

【例 51】 如图 3-57 所示，钢筋混凝土地上水池示意图，根据图上所示尺寸，试求其工程量。

【解】 （1）2013 清单与 2008 清单对照（表 3-101）

（2）清单工程量

1）钢筋混凝土池底工程量：

$$V_底 = (0.24×2+2.5-0.02×2)^2 × 0.12 = 1.04m³$$

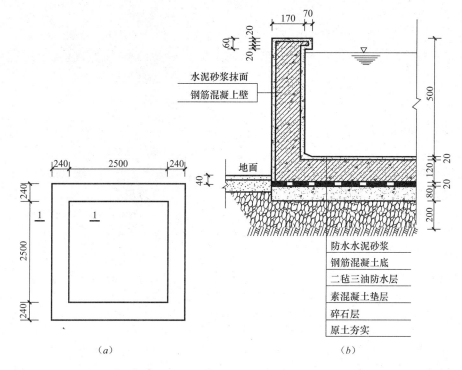

图 3-57　钢筋混凝土地上水池示意图

(a) 平面图；(b) 1-1 剖面图

2013 清单与 2008 清单对照表　　　　表 3-101

序号	清单	项目编码	项目名称	项目特征	计算单位	工程量计算规则	工作内容
1	2013 清单	070101001	池底板	1. 池形状、池深 2. 垫层材料种类、厚度 3. 混凝土种类 4. 混凝土强度等级	m³	按设计图示尺寸以体积计算，不扣除构件内钢筋、预埋铁件及单个面积 ≤0.3m² 的孔洞所占体积	1. 模板及支架(撑)制作、安装、拆除、堆放、运输及清理模内杂物、刷隔离剂等 2. 混凝土制作、运输、浇筑、振捣、养护
	2008 清单	2008 清单中无此项内容，2013 清单中此项为新增加内容					
2	2013 清单	070101002	池壁	1. 池形状、池深 2. 混凝土种类 3. 混凝土强度等级 4. 壁厚	m³	按设计图示尺寸以体积计算，不扣除构件内钢筋、预埋铁件及单个面积 ≤0.3m² 的孔洞所占体积	1. 模板及支架(撑)制作、安装、拆除、堆放、运输及清理模内杂物、刷隔离剂等 2. 混凝土制作、运输、浇筑、振捣、养护
	2008 清单	2008 清单中无此项内容，2013 清单中此项为新增加内容					

 贴心助手

水池的宽度为 $(0.24×2+2.5)$m，减去已经涂的水泥砂浆的层厚 20mm，得出为钢筋混凝土的水池宽度，面积可知，池底钢筋混凝土的厚度为 0.12m。

2）钢筋混凝土池壁工程量：

$$V_{壁}=[(0.5+0.02-0.06+0.02)\times(0.17-0.02\times2)+(0.06-0.02\times2)$$
$$\times(0.17+0.07-0.02\times2)]\times[(2.5+0.24\times2-0.02\times2)\times2+2.5\times2]$$
$$=(0.48\times0.13+0.02\times0.20)\times(2.94\times2+5.0)$$
$$=0.72m^3$$

 贴心助手

混凝土池壁的高度为 $(0.5+0.02-0.06+0.02)$m，0.5 为水池净高，0.02 为防水砂浆的厚度，0.06 为池壁压顶的厚度，0.02 压顶下部水面线以上混凝土厚度。池壁混凝土的厚度为 $(0.17-0.02\times2)$m，0.17 为壁厚，0.02×2 为两侧水泥砂浆的厚度。压顶中混凝土的厚度为 $(0.06-0.02\times2)$m，池壁厚度为 $(0.17+0.07-0.02\times2)$m，0.17 为池壁厚度，0.07 为挑出的长度，0.02×2 为两侧水泥砂浆的厚度，则池壁的截面积可知。池壁的长度为 $[(2.5+0.24\times2-0.02\times2)\times2+2.5\times2]$m，2.5 为水池净长，0.24 为上表面压顶宽度，0.02 为防水砂浆厚度。截面积×水池长度＝池壁混凝土工程量。

（3）清单工程量计算表（表 3-102）

清单工程量计算表　　　　　　　　表 3-102

序号	项目编码	项目名称	项目特征描述	计量单位	工程量
1	070101001001	池底板	正方形水池，池尺寸 2.98m×2.98m，池壁厚 170mm，池底厚 120mm	m^3	1.04
2	070101002001	池壁	正方形水池，池尺寸 2.98m×2.98m，混凝土制作	m^3	0.72

【例 52】　为了保护绿色草坪，以防止践踏。制作不同形状的标志牌，如图 3-58 所示，长方形木标志牌示意图，如图 3-60 所示，圆形木标志牌示意图，根据图 3-58、图 3-59 所示及其说明，试求其工程量。

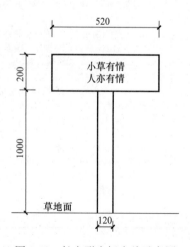

图 3-58　长方形木标志牌示意图

注：1. 木标志牌厚度为 25mm

　　2. 木标志牌柱为长柱体，厚度为 30mm

　　3. 外用混合油漆（醇酸磁漆）涂面

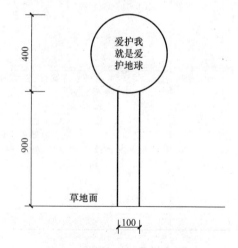

图 3-59　圆形木标志牌示意图

注：1. 木标志牌面为圆形，厚度为 20mm

　　2. 木标志牌柱为长柱体，厚度为 30mm

　　3. 外用混合油漆（醇酸磁漆）涂面

【解】　(1) 2013 清单与 2008 清单对照 (表 3-103)

2013 清单与 2008 清单对照表　　　　表 3-103

清单	项目编码	项目名称	项目特征	计算单位	工程量计算规则	工作内容
2013 清单	050307009	标志牌	1. 材料种类、规格 2. 镌字规格、种类 3. 喷字规格、颜色 4. 油漆品种、颜色	个	按设计图示数量计算	1. 选料 2. 标志牌制作 3. 雕凿 4. 镌字、喷字 5. 运输、安装 6. 刷油漆
2008 清单	050306006	标志牌	1. 材料种类、规格 2. 镌字规格、种类 3. 喷字规格、颜色 4. 油漆品种、颜色	个	按设计图示数量计算	1. 选料 2. 标志牌制作 3. 雕凿 4. 镌字、喷字 5. 运输、安装 6. 刷油漆

(2) 清单工程量

项目编码：050307009；

项目名称：标志牌；

工程量计算规则：按设计图示数量计算。

计量单位：个。

标志牌清单工程量：

依据图 3-50、图 3-51 所示及工程量计算规则可得：其清单工程量为 2 个。

(3) 清单工程量计算表 (表 3-104)

清单工程量计算表　　　　表 3-104

项目编码	项目名称	项目特征描述	计量单位	工程量
050307009001	标志牌	木标志牌，醇酸磁漆涂面	个	2